SketchUp 课程建构与创新实践

李　楠　著

科学出版社

北京

内 容 简 介

随着软件日趋智能化和简易化，设计人员对于软件的操作越发容易，所以本书主旨并不是指导读者学习具体的 SketchUp 软件命令操作，而是从软件应用的特点，结合案例教学的切入，开拓读者的设计思路，启发其进行空间的建构和建模的创新，使读者以一个全新的视角重新认识软件学习。

本书可以作为普通高等院校设计专业本专科学生及硕士研究生的教材，也可作为设计爱好者、设计从业人员的实践指导参考书。

图书在版编目（CIP）数据

SketchUp 课程建构与创新实践 / 李楠著 . —北京：科学出版社，2018.12

ISBN 978-7-03-057962-1

Ⅰ. ①S… Ⅱ. ①李… Ⅲ. ①建筑设计 - 计算机辅助设计 - 应用软件 Ⅳ. ① TU201.4

中国版本图书馆 CIP 数据核字（2018）第 131405 号

责任编辑：任俊红　程　凤 / 责任校对：郭瑞芝
责任印制：吴兆东 / 封面设计：华路天然工作室

科学出版社出版
北京东黄城根北街16号
邮政编码：100717
http://www.sciencep.com

北京虎彩文化传播有限公司 印刷
科学出版社发行　各地新华书店经销
*

2018年12月第 一 版　开本：787×1092　1/16
2018年12月第一次印刷　印张：12 1/2
字数：399 000

定价：89.00元
（如有印装质量问题，我社负责调换）

前　言

　　SketchUp 对于学习环境设计、建筑设计专业的师生来讲并不陌生，它命令直观、操作简单、容易上手，使用人群较多。SketchUp 对于设计方案的推敲和具体实施起着重要的作用，是大部分设计类高校学生在计算机辅助软件课程中较为基础且在本科阶段必须掌握的软件之一。

　　市面上关于 SketchUp 软件教程的书籍较多且介绍详尽，故本书的立意并不是单一介绍软件命令，而是围绕"课程的建构与实践案例"这一中心思想，通过介绍一种较好的实训教学方法，对多个学期和多个学生案例的项目练习进行具体例证，让读者能够体会到软件教学也可以灵活多样，软件的课堂教学和实践教学也可以更多地结合在一起，使软件教学融入到学生的生活环境中，让大家对原本枯燥的软件学习感兴趣、愿意学。

　　笔者通过多年的本科教学实践和调研发现，掌握各类设计软件的操作命令正逐渐向简易化过渡，包括大部分高校学生学习的建筑设计类软件，例如 AutoCAD、Lumion、SketchUp 等软件，也都不断向智能化、简易化和协同化方向发展。目前，市面上较多书籍是在介绍软件的具体操作，而从服务方案本身和结合实训的角度去研究和拓展软件教学方法的书籍并不多，故本书旨在探讨怎样重解和建构原本枯燥的软件课程，从而实现课程的创新；探讨和尝试软件课程的合理化组织与编排，从而达到不仅让学生学到常用命令的操作，同时让其在较短的时间内理解到软件学习的终极目标其实是为了服务方案这一道理。软件命令的掌握只是载体，并非掌握了所有软件的命令就可以将方案设计好，更关键的在于能否将常用的命令灵活的运用于方案，这才是学习软件的本质，但这也往往是很多学生甚至老师都经常忽略的一个重要问题，也是本书想引起大家共鸣和探讨的一个问题。

　　本书依托学生多学期的课程实训，列举了学生优秀的 SketchUp 模型及设计案例，实训练习从大一第二学期到大三第二学期，横跨三个学年、五个学期，每个学期都有软件集中培训（每学期的实习实训周，共计两周），教学内容从校园出发，到城市街区，再到乡村建筑；学生实践内容从大一第二学期的简单校园建筑建模到最终大三第二学期的乡村民宿改造，形成了连贯性的设计主题，较为开放且全面地为学生提供了将软件学习和实际项目相结合的实践案例。阅读完本书之后，读者可以通过对书中不同案例主题的理解，以及对所列举的课堂学生成果的分析，了解到丰富多样的实训对软件学习的必要性。

　　本书框架简明且由简入深，顺应软件教学的一般规律，随着每学期所练习的实践案例不断深入，让学生从软件了解到最终方案的熟练表达，逐步对软件学习产生兴趣，进而掌握在专业学习中应具备的软件应用和方案创造能力。

　　由于笔者水平所限，书中难免存在一些不当之处，敬请广大读者批评、指正。

2018 年 3 月 1 日

目　录

- 前言

- 第一章　SketchUp 课程建构与实践教学 / 1

- 第二章　云南财经大学校园地图设计 / 21

- 第三章　翠湖创意景观地图设计 / 55

- 第四章　云南传统民居调研 / 79

- 第五章　新民居建筑设计 / 117

- 第六章　乡村民宿改造 / 139

- 附录 / 187

- 后记 / 193

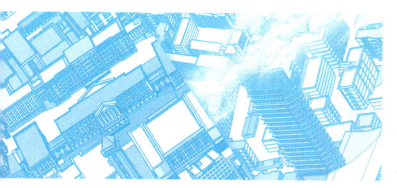

第一章

SketchUp 课程建构与实践教学

一、SketchUp 概述

SketchUp 最初由美国著名的建筑设计软件开发商 Atlast Software 公司推出，因其绘制体块模型非常快速和简单，故用草图大师即 SketchUp 命名。SketchUp 是一款极受欢迎并且易于操作的三维设计软件，我们可以将它比作设计中的"铅笔"。SketchUp 是一套直接面向设计方案创作过程的设计工具，其创作过程不仅能够充分表达设计师的思想而且完全满足与客户即时交流的需要，同时设计师可以直接在电脑上进行直观构思，是进行三维建筑设计方案创作的优秀工具。

2006 年 3 月，Google 公司正式收购 SketchUp 并推出了免费版，相继推出 SketchUp5.0 直至 SketchUp8.0，对其功能也做了进一步的开发与扩展，并且用户可以将使用 SketchUp 创建的三维模型直接输出至 Google Earth 里（图 1-1）。Google 收购 SketchUp 是为了增强 Google Earth 的功能，让使用者利用 SketchUp 建造 3D 模型并放入 Google Earth 中，使得 Google Earth 所呈现的地图更具立体感、更接近真实世界。

▲ 图 1-1 SketchUp 模型在 Google Earth 里的呈现

    截至 2011 年,SketchUp 在 Google 公司期间构建了 3000 多万个模型,其软件经过了多次更新迭代(图 1-2)。

    2012 年 4 月,Google 宣布将 SketchUp 三维建模平台出售给 Trimble Navigation(该公司专注于定位、建筑以及海上导航等设备的位置与定位技术)。不可否认的是,Google 确实将 SketchUp 的技术带给了许多人,如木工艺术家、电影制作人、游戏开发商、工程师等,让更多人知道和了解了 SketchUp 软件。

第一章
SketchUp 课程建构与实践教学

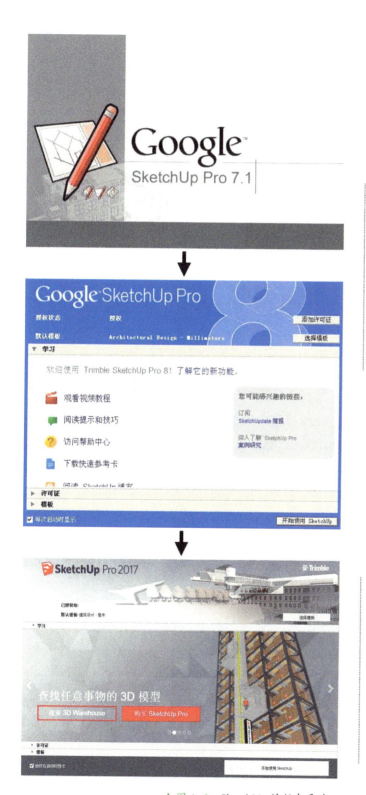

▲ 图 1-2　SketchUp 的版本更迭

二、SketchUp 在各专业教学中的应用

1. 建筑与环境设计教学

在建筑和环境设计教学中，可以利用 SketchUp 建立三维效果图。软件中自动捕捉功能可以自动捕捉中点、端点和相关线面上的点；推拉工具可以把平面图形推拉成 3D 模型，只需设定推拉距离即可；卷尺工具可以在面上根据距离关系作出一系列辅助线，待用线条工具描完后可以随时删除。在设计过程中，软件中的 X 射线、线框、阴影等不同样式，等轴、俯视、主视图等几种视图（图 1-3），都对建筑设计起到了很好的辅助作用。

建筑物的外观及环境设计主要包括建筑物外墙、屋顶等外观的纹理处理，阴影、花草树木及邻近建筑的空间关系等周围环境处理。建筑物本身外观的处理与室内墙面的处理类似，只需应用不同的纹理即可，利用阴影功能可以模拟太阳光制作出阴影；通过调节亮暗滑块和选择日期，可以套用真实阴影，增强模型现实感；可以通过模型库获取周围环境的花草树木等；通过使用沙盒工具可导入等高线创建平滑的地形；还可以通过创建护道、山坡、山脊等来改变地形的形状并添加道路、建筑基础等。

SketchUp 直接面向设计过程，设计师可以在电脑上对三维方案模型进行直观构思，随着思路的不断清晰和后续资料的不断完善，模型细节将更多地得到表达。

SketchUp 针对建筑和环境设计的需要，还可模拟手绘效果，解决设计者与模型需求者之间的交流问题。

SketchUp 可以方便地为设计图的表面赋予各种材质的贴图，生成任何方向的剖面，形成供演示的动画，这些功能都是其在建筑设计和环境设计等方面的突出优势（图 1-4）。

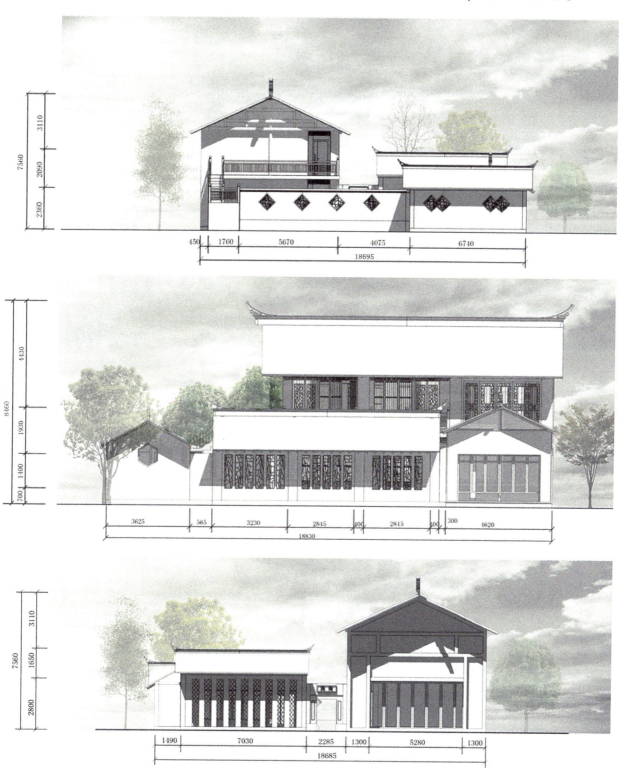

▲ 图 1-3 设计方案的不同视图

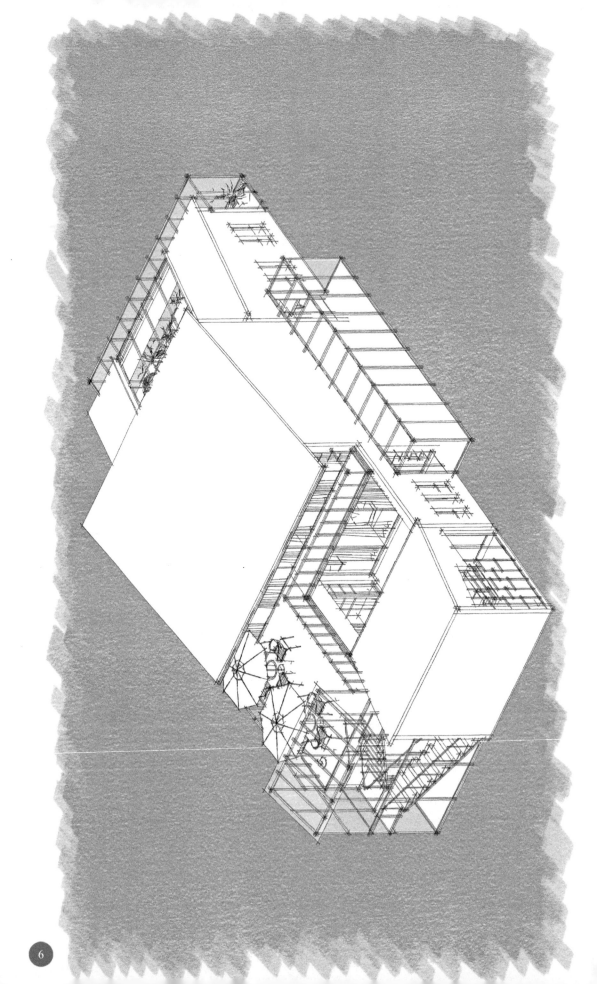

▲图 1-4 SketchUp 手绘效果图与方案剖面图

SketchUp 课程建构与创新实践

2. 规划与景观设计教学

　　SketchUp 为规划与景观设计教学提供了强大的配景组件，设计者完全可以按照自己的设计理念构想，并进行三维场景设计。SketchUp 模型组件可通过网络下载（图 1-5），设计时可以自由调用，如树、花架、树池、景观墙、亭等。在制作景观效果图的过程中可以充分运用组件功能，把模型先分成几个部分，再进行重新组合，如驳岸的景观石、园林小品、园林建筑单体等，都可利用组件的关联修改或分解特性来对设计方案进行整合，这样制作效果图不但快而且减少重复劳动，提高设计者的工作效率。

▶ 图 1-5
3D Warehouse 网站截图

Vintage Toy Airplane
PFritz

IKEA BUSKBO Coffee table
Alons

BRIZO Schneider Electric witt fashion of kitchens MODLOFT KA

THE BIG AMSTERDAM (not a pic...no seriously :)
SCIFILICIOUS

John Deere Tricycle by HenkieTenk
HenkieTenk

Dresser
KARE SketchUp   313

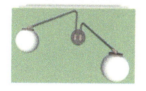

Iluminação
Arq. Bruna Piccinini   58

SketchUp Compo...
SketchUp   8

Accent Chests / C...
Wayfair.com® Tra...   54

2017 - Nou
Schuster

Manufacturers

Hey, Product Manufacturers!
3D Warehouse is the ultimate distribution platform to promote your SketchUp Models.

s millions of models
e world's most
nd design

SketchUp 拥有强大的材质库（图 1-6），设计者可以根据设计要求，通过调整基本参数和贴图来为模型的不同部分赋予不同材质，例如对园林建筑、小品、假山、石块、地砖、草坪等赋予纹理贴图，使园林效果图更加惟妙惟肖。

　　在完成规划和景观场景的建模后，设计师可以根据自己的设计意图，在场景中各个空间节点合理分布园林植物、小品、道路等园林元素，全方位浏览方案、分析方案，进行推敲修改。同时，设计师可以将阴影效果打开，调整光照，生成不同角度、不同风格的各种视图，使人置身于场景中，可以从多角度浏览、漫游，获得逼真、生动的空间体验，感受更加鲜活的设计方案。

　　总之，SketchUp 是一种偏重于方案创作的设计软件，能大大提高设计成果的准确性和合理性。

第一章
SketchUp 课程建构与实践教学

▲ 图 1-6　SketchUp 丰富的材质库

三、SketchUp 课程建构与实践

1. SketchUp 课程建构

"多样化人才培养模式"要求高校因时、因地、因人地将人才培养模式的构成要素进行有效组合,从而形成多种人才培养模式有机结合的动态运行过程。

云南财经大学确立了多样化人才培养的目标,努力构建多维课程体系。在人才培养模式方面,学校以通识教育为基础形成一体化的人才培养方案,满足社会对人才的多样化需求和学生自身的个性化发展需要;同时,学校注重培养学生的创新精神与实践能力,最终形成一体化、多层次复合型人才的培养模式。学校通过改革语文、英语、计算机和数学等基础课程,为人才培养打造宽厚的基础平台;另外,在通识教育主干课中设置了文化传承与世界视野、哲学智慧与科学思维、科技发展与社会进步、艺术审美与体验等四大模块组成的课程体系,以打通文、理、工各学科之间壁垒,使文科学生获得科学精神的熏陶,理工科学生兼具人文素质的底蕴。在学生实践能力培养方面,强化学生实践,大力开发综合性、设计性实验,积极推进实验室开放,学校经过充分调研,把每个学期的第九周和第十周规划为"实验实训周"(图1-7)。学校最终形成由通识教育课、学科基础课、专业课、实践体验与创新课四个模块组成的人才培养方案,全面提升学生实践能力,把专业特色转化到实践课中,增强学生实践动手能力,让学生有时间学习,也有时间调研和做实践项目。

云南财经大学 2017—2018 学年校历

第一学期（2017.8.28 － 2018.1.14）

周次	月	一	二	三	四	五	六	日	学期
1	九月	8月28日	8月29日	8月30日	8月31日	1	2	3	
2		4	5	6	7	8	9	10	
3		11	12	13	14	15	16	17	
4		18	19	20	21	22	23	24	
5		25	26	27	28	29	30	10月1日	
6	十月	2	3	4	5	6	7	8	
7		9	10	11	12	13	14	15	
8		16	17	18	19	20	21	22	
9	十月	23	24	25	26	27	28	29	实验实训
10	十一月	10月30日	10月31日	1	2	3	4	5	
11		6	7	8	9	10	11	12	
12	十一月	13	14	15	16	17	18	19	
13		20	21	22	23	24	25	26	
14		27	28	29	30	12月1日	12月2日	12月3日	
15	十二月	4	5	6	7	8	9	10	
16		11	12	13	14	15	16	17	
17		18	19	20	21	22	23	24	
18		25	26	27	28	29	30	31	
19	2018年1月	1	2	3	4	5	6	7	考试
20		8	9	10	11	12	13	14	
1	2018年1月	15	16	17	18	19	20	21	寒假
2		22	23	24	25	26	27	28	
3	2018年2月	1月29日	1月30日	1月31日	1	2	3	4	
4		5	6	7	8	9	10	11	
5		12	13	14	15	16	17	18	
6		19	20	21	22	23	24	25	

备注：
①本学期共计20周，其中上课16周，实验实训2周，考试2周。
②8月26日、27日学生返校报到、注册、购教材。8月28日开始上课。
③节假日按国家法定节假日安排执行。
④寒假从1月15日至2月25日，共6周。
⑤2月16日春节。

第二学期（2018.2.26 － 2018.7.15）

周次	月	一	二	三	四	五	六	日	学期
1	三月	2月26日	2月27日	2月28日	1	2	3	4	
2		5	6	7	8	9	10	11	
3		12	13	14	15	16	17	18	
4		19	20	21	22	23	24	25	
5		26	27	28	29	30	31	4月1日	
6	四月	2	3	4	5	6	7	8	
7		9	10	11	12	13	14	15	
8		16	17	18	19	20	21	22	
9	四月	23	24	25	26	27	28	29	实验实训
10	五月	4月30日	1	2	3	4	5	6	
11		7	8	9	10	11	12	13	
12	五月	14	15	16	17	18	19	20	
13		21	22	23	24	25	26	27	
14		28	29	30	31	6月1日	6月2日	6月3日	
15	六月	4	5	6	7	8	9	10	
16		11	12	13	14	15	16	17	
17		18	19	20	21	22	23	24	
18		25	26	27	28	29	30	7月1日	
19	七月	2	3	4	5	6	7	8	考试
20		9	10	11	12	13	14	15	
1	七月	16	17	18	19	20	21	22	暑假
2		23	24	25	26	27	28	29	
3	八月	7月30日	7月31日	1	2	3	4	5	
4		6	7	8	9	10	11	12	
5		13	14	15	16	17	18	19	
6		20	21	22	23	24	25	26	

备注：
①本学期共计20周，其中上课16周，实验实训2周，考试2周。
②2月24日、25日学生返校报到、注册、购教材。2月26日开始上课。
③节假日按国家法定节假日安排执行。
④暑假从7月16日至8月26日，共6周。

▲图 1-7 “实验实训”周安排

SketchUp 课程的建构结合了学校"实验实训周"的开展，在课程中坚持"基础性、应用性、实践性"的原则，优化软件实践教学体系，强化实践教学对学生的管理，促进软件课程的教学改革，同时在编排教学进度和大纲的过程中融入并认真落实课堂实践教学、现场实践教学、课外实践活动等环节，在课程实践中积极培养学生理论联系实际的能力。实行集中授课、集中调研、集中学习的课程形式，采取灵活多样的教学方法和多元的调研体系，实现专业化和多样化的人才培养目标，学校的人才培养理念及"实验实训周"的改革创新被社会广泛关注（图 1-8）。

2. SketchUp 课程的教学实践

SketchUp 课程的教学不能仅停留在课堂上，还要结合实际的调研来加深学生对所学知识的理解，如对周边校园环境的熟悉，对传统历史街区和当地民居的实际测量等。通过类似的实践调研，教师可以将课堂教学搬到现实环境中，让学生通过实地踏勘，加深对生活中各类建筑物和环境规划的了解，从实践再回到课堂中，学生通过分工合作将这些模型数据输入电脑，再有步骤、有计划地进行建模并最终呈现出来（图 1-9）。

图 1-8
网络报道

第一章
SketchUp 课程建构与实践教学

▲图 1-9 学生参与"实验实训周"的软件练习实践

SketchUp 课程建构与创新实践

　　SketchUp 课程的教学所提倡的是：在课堂教学过程中不要只是简单给学生介绍和讲解怎样去学会 SketchUp 的具体命令，而是要探讨一种软件教学和实践教学相结合的模式（图1-10）。这种模式不仅仅是将基本的命令传授给学生，更重要的是结合学生的户外调研，指导学生绘制多样且具有创意的 SketchUp 作品，这些作品不同于以往的教师单向授课后，让学生们完成的课程作业；而是需要学生在实践调研后做进一步的思考，再结合课堂上所学的软件基本命令，学会创新软件最终所能表达的形式（图1-11），本书中所列举的例子大多为此类教学实践作品。这种教学实践能更好地调动学生的学习兴趣，发挥个人和团队的协作、创新能力，在实践中更好地理解学习软件的目的，进而学好课程。

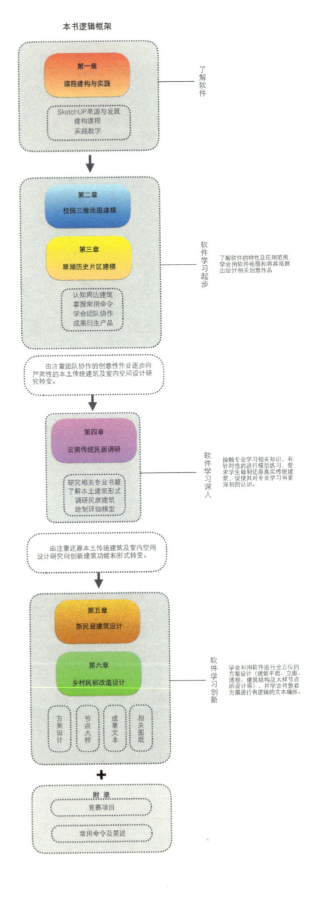

▶ 图 1-10

本书逻辑框架图

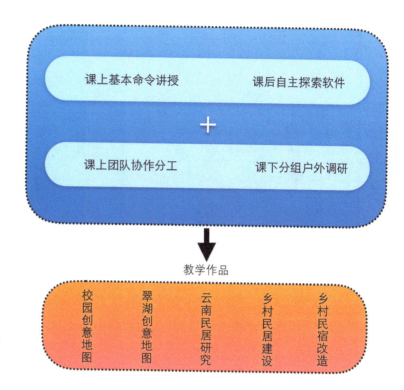

◀ 图 1-11
教学实践作品生成图

3. 教学范式对比

对于 SketchUp 课程的建构，我们采取的是将 SketchUp 课程讲解结合实验、实训共同进行的教学范式。但较为普遍的常规教学形式是将 SketchUp 课程安排在一个学期内进行讲解和练习，即将 SketchUp 课程的讲授压缩在一个学期内，以一门课程的形式安排并完成教学进度的范式。这两种课程建构方式都较为可行，但相较后一种，显然第一种的教学范式更具优势（图 1-12），主要表现在以下三点：

（1）学生对软件的熟练程度可以在每一个教学周期（每学期）进行加强；

（2）学生可以根据设计和建模的主题不断加强设计深度；

（3）随着经验的积累，学生可以不断加大设计主题的难度，经过教师的不断引导，学生可以更加熟练运用软件并进一步细化自己的设计方案。教学的最终目的是让学生的焦点和重心放在对设计方案的推敲上，而不仅是对软件的熟练掌握，让学生意识到软件的学习是为了服务于方案。

SketchUp 课程建构与创新实践

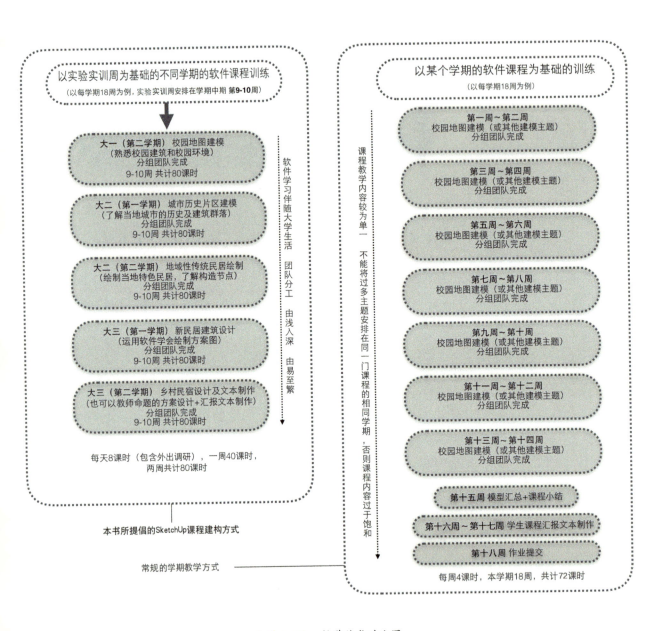

▲图1-12　教学范式对比图

第二章

云南财经大学校园地图设计

阶段： 大一第二学期，初识软件、认识校园周边环境。

一、课程导向及课程时段安排

1. 课程导向

学生经过大一第一学期对校园环境有了初步的认识和了解后，在大一第二学期安排介入 SketchUp 课程学习。教师可以指导学生对身边的校园建筑进行深入调研（图 2-1、图 2-2）。

在大一第二学期的实验实训周，教师可以指导学生结合实际进行软件学习，让学生利用 SketchUp 对校园建筑进行三维建模制作，并绘制身边的校园建筑，使其进一步认识、了解和熟悉 SketchUp 软件的命令和特点，快速进入软件学习状态，同时，使学生意识到 SketchUp 课程的学习和他们所生活的环境是紧密联系在一起的。

2. 课程时段安排

大一第二学期实验实训周课程时段安排，如表 2-1 所示。

SketchUp 课程建构与创新实践

▲ 图 2-1　云南财经大学校园平面图

◀ 图 2-2
SketchUp 建模的校园建筑

表 2-1 大一第二学期课程时段安排表

第9~10周（每学期共计18周其中第9~10周为课堂软件实训）		教 学 重 点	教 学 时 数
第九周（根据每学期软件课程具体安排可以对实践教学周进行调整）	周一	介绍SketchUp软件发展历程 熟悉SketchUp软件界面 逐个介绍SketchUp常用命令 软件命令练习	8学时 （上午4课时软件命令学习 + 下午4课时课堂实践）
	周二	逐个介绍SketchUp常用命令 软件命令练习 组织学生对校园建筑进行调研。 （调研重点：建筑比例尺度、室内空间分割、材质、环境等）	8学时 （上午4课时软件命令学习 + 下午4课时课堂实践）
	周三	逐个介绍SketchUp常用命令 校园模型制作逻辑方法和学生团队分组 软件命令练习 组织学生对校园建筑进行调研。 （调研重点：建筑比例尺度、室内空间分割、材质、环境等）	8学时 （上午4课时软件重要命令学习及制作团队分组 + 下午4课时课堂实践）
	周四	根据团队分组进行模型制作 课堂制作辅导 （课后对校园建筑进行调研，调研重点：建筑比例尺度、室内空间分割、材质、环境等）	8学时 （上午4课时软件命令学习 + 下午4课时课堂实践）
	周五	团队分组进行模型制作 课堂制作辅导 （课后对校园建筑进行调研，调研重点：建筑比例尺度、室内空间分割、材质、环境等）	8学时 （上午4课时课堂实践 + 下午4课时课堂实践）

续表

第 9~10 周 （每学期共计 18 周 其中第 9~10 周为课堂软件实训）		教　学　重　点	教　学　时　数
第十周 （根据每学期软件课程具体安排可以对实践教学周进行调整）	周一	团队分组进行模型制作 课堂制作辅导（图 2-3）	8 学时 （上午 4 课时课堂实践 + 下午 4 课时课堂实践）
	周二	团队分组进行模型制作 课堂制作辅导	8 学时 （上午 4 课时课堂实践 + 下午 4 课时课堂实践）
	周三	团队分组进行模型制作 课堂制作辅导	8 学时 （上午 4 课时课堂实践 + 下午 4 课时课堂实践）
	周四	团队分组进行模型制作 课堂制作辅导	8 学时 （上午 4 课时课堂实践 + 下午 4 课时课堂实践）
	周五	团队分组进行模型制作 课堂制作辅导 将每组所制作的模型成组并将每组模型合并成整体校园三维模型	8 学时 （上午 4 课时课堂实践 + 下午 4 课时课程总结）
合　计	十天		80 学时

▼ 图 2-3

学生分组与学生工作图

30~40人/班

根据班级人数依次类推 5~6人/组

5~6人/组 — 照片拍摄 / 建筑测绘 / 草图绘制 / SU建模

5~6人/组 — 照片拍摄 / 建筑测绘 / 草图绘制 / SU建模

5~6人/组 — 照片拍摄 / 建筑测绘 / 草图绘制 / SU建模

5~6人/组 — 照片拍摄 / 建筑测绘 / 草图绘制 / SU建模

5~6人/组 — 照片拍摄 / 建筑测绘 / 草图绘制 / SU建模

二、课程设计方法

依据校园地图划分片区，教师可以对自然班级进行分组分工（30-40人/班，5-6人/组）。每组都要对自己负责的区域进行照片拍摄、建筑测绘、草图绘制、SketchUp建模（简称SU建模）（图2-4）。

照片拍摄：对所要建模的单体建筑进行深入调研，多角度的拍摄照片，尽可能多的收集第一手资料。

建筑测绘：让学生实地感受学校建筑的占地、层高、屋顶形态，并进行数据的收集。

草图绘制：依据收集来的相关测绘数据和影像资料，绘制方案草图。

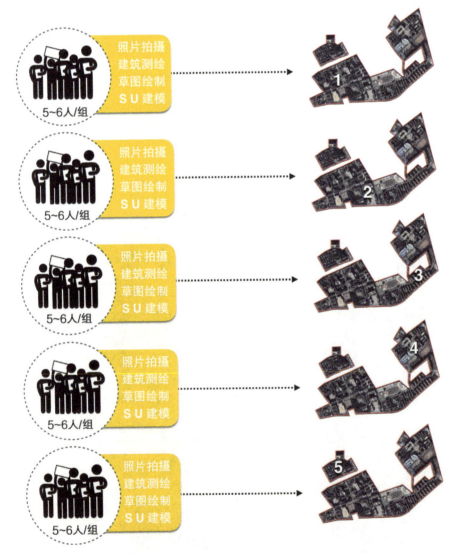

◀ 图2-4

校园片区划分

SketchUp 建模（可多人协作）：小组成员进行分工合作，在同一比例情况下进行 SketchUp 建模，例如，同学 A 进行建筑中所有楼梯的构建制作，同学 B 进行建筑整体结构绘制，同学 C 进行后续的模型整体贴图，同学 D 进行建筑周边道路及小景观的布置等（图 2-5）。

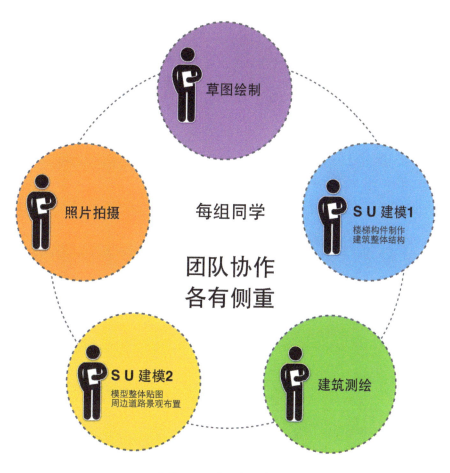

▲ 图 2-5　团队分工简图

三、课程教学成果

1. 片区规划设计

校园整体规划图（图 2-6），校园片区图（图 2-7 ~ 图 2-12）。

SketchUp 课程建构与创新实践

▲ 图 2-6 校园整体规划图

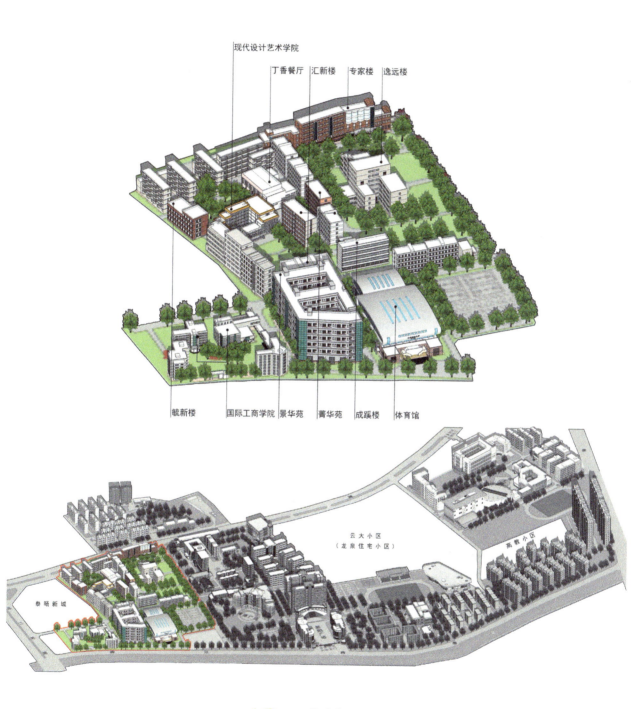

▲ 图 2-7 校园片区图 1

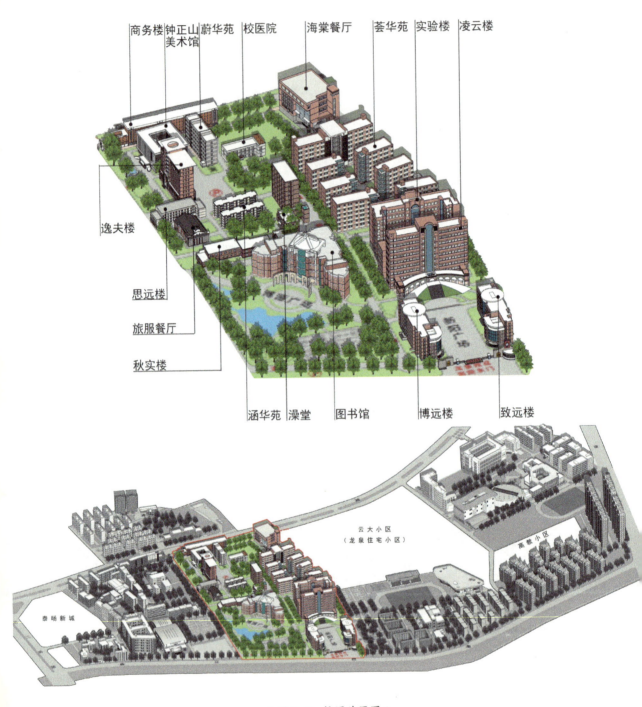

▲ 图2-8 校园片区图2

第二章
云南财经大学校园地图设计

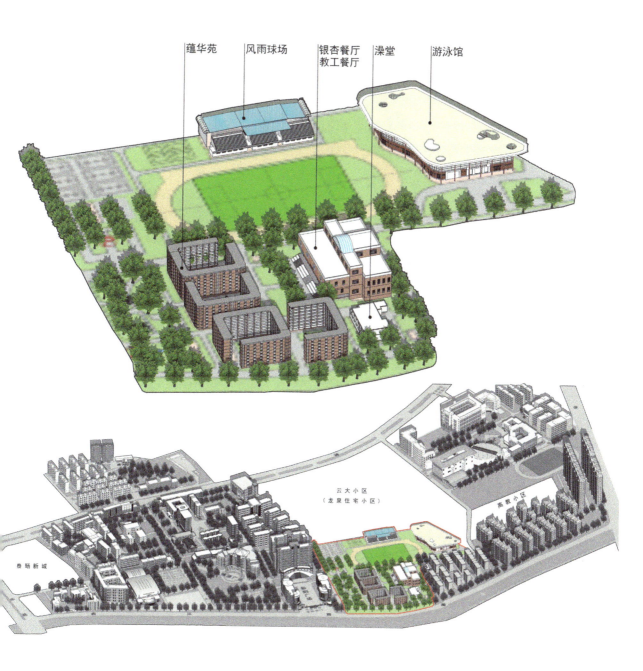

▲ 图2-9 校园片区图3

SketchUp 课程建构与创新实践

▲ 图 2-10 校园片区图 4

第二章
云南财经大学校园地图设计

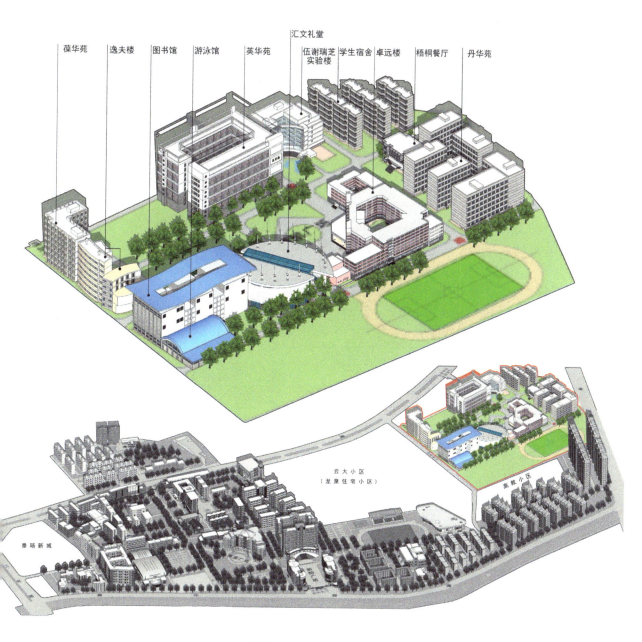

▲ 图 2-11 校园片区图 5

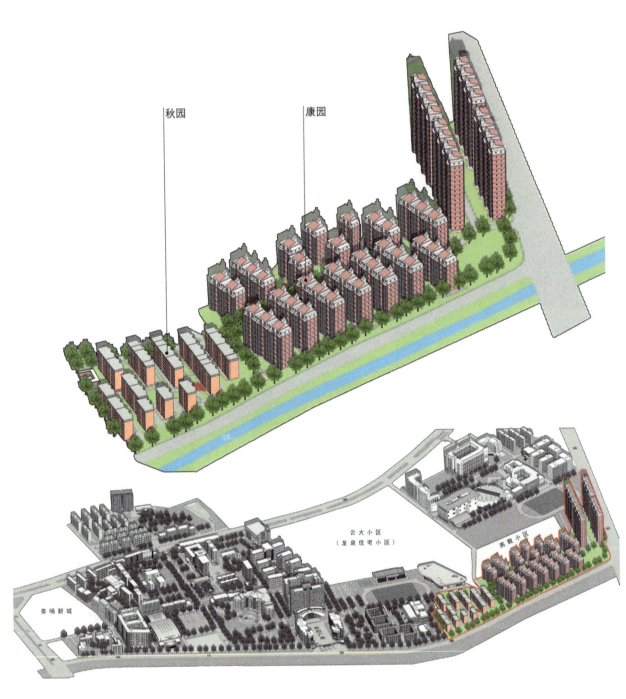

▲ 图 2-12 校园片区图 6

2. 建筑单体设计

单体建筑图（图 2-13、图 2-14），模型结构分解图（图 2-15、图 2-16），剖面分解图（图 2-17 ~ 图 2-20）。

◀ 图 2-13

单体建筑图 1

◀ 图 2-14

单体建筑图 2

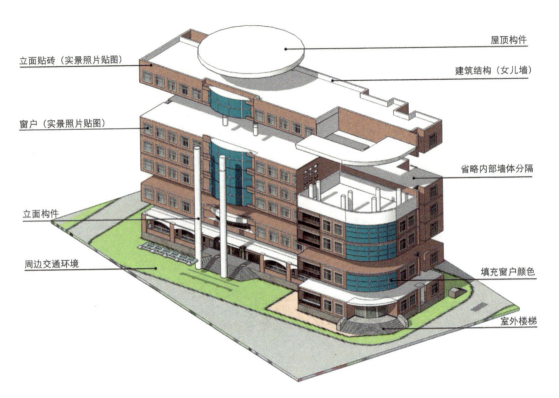

▲ 图 2-15 模型结构分解图 1

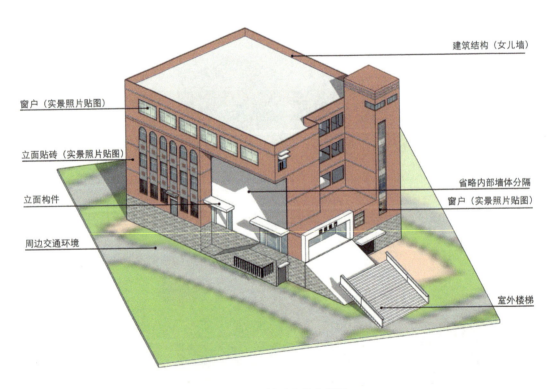

▲ 图 2-16 模型结构分解图 2

第二章
云南财经大学校园地图设计

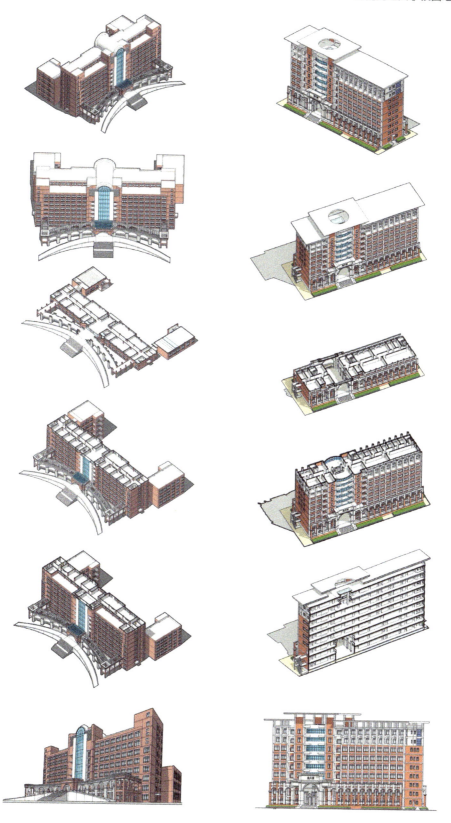

▲ 图 2-17　剖面分解图 1

37

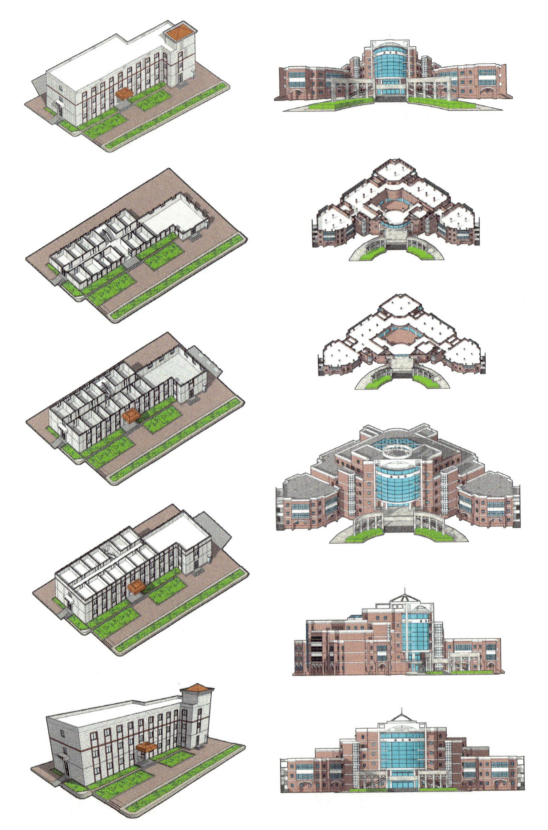

▲ 图 2-18 剖面分解图 2

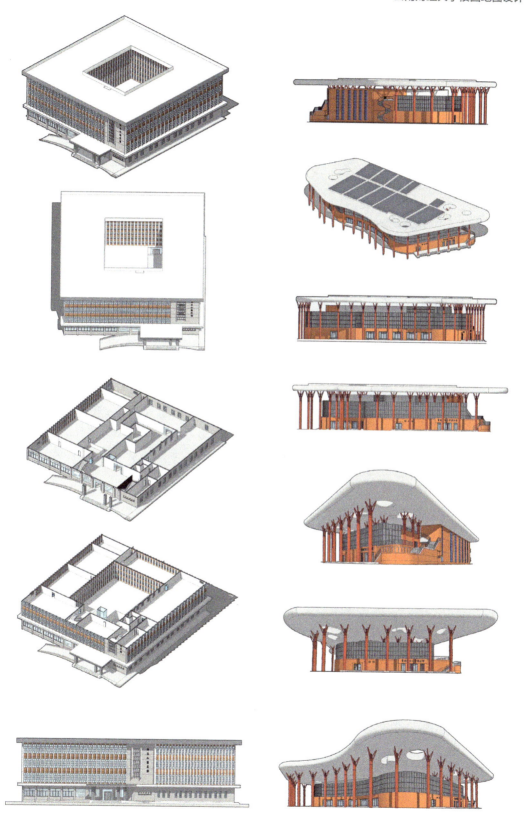

▲ 图2-19 剖面分解图3

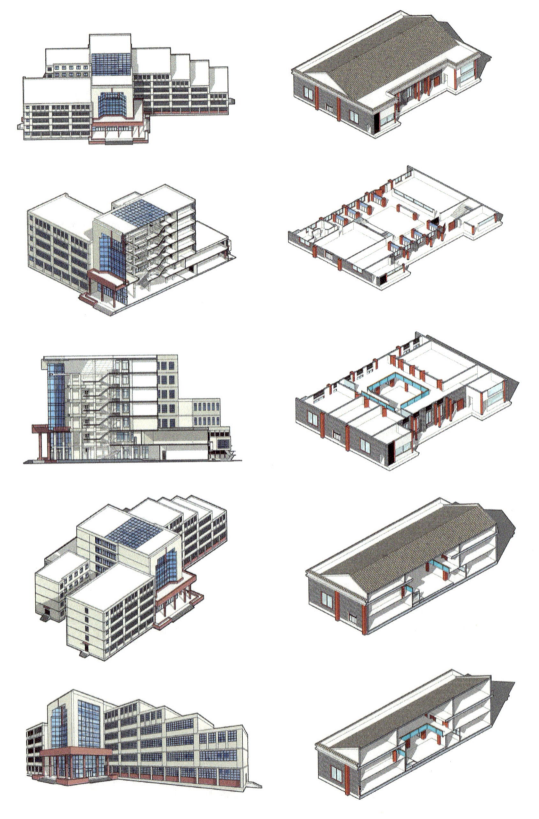

▲ 图 2-20 剖面分解图 4

3. 校园模型鸟瞰效果图

校园中建筑物各个角度效果图（图 2-21~ 图 2-24）。

◀ 图 2-21
效果图 1

◀ 图 2-22
效果图 2

▲ 图 2-23　效果图 3

▲ 图 2-24　效果图 4

4. 校园创意文化衍生产品

完成整体校园建筑的三维模型绘制之后，指导学生拓展思路，将成果转化成校园创意产品（图 2-25 ~ 图 2-28）。

第二章
云南财经大学校园地图设计

手绘校园地图

视｜线｜定｜制

校园电子地图

绘X造萌建筑 壹

绘X造萌建筑 贰

绘X造萌建筑 叁

校园建筑

手绘地图

营建空间

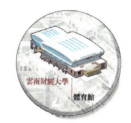

▲ 图 2-25　创意产品图 1

43

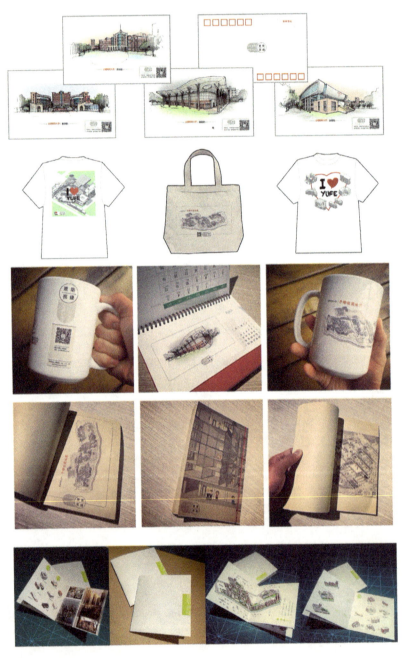

▲ 图 2-26 创意产品图 2

▲ 图 2-27　创意产品图 3

▲ 图 2-28　创意产品图 4

四、细致模型制作

对优秀建模作品再次细化,制作较为细致的校园模型,内容包括:建筑的梁柱体系、窗户、楼板、隔墙等必要的建筑构件。

模型案例:

(1)体育馆模型(图2-29)。

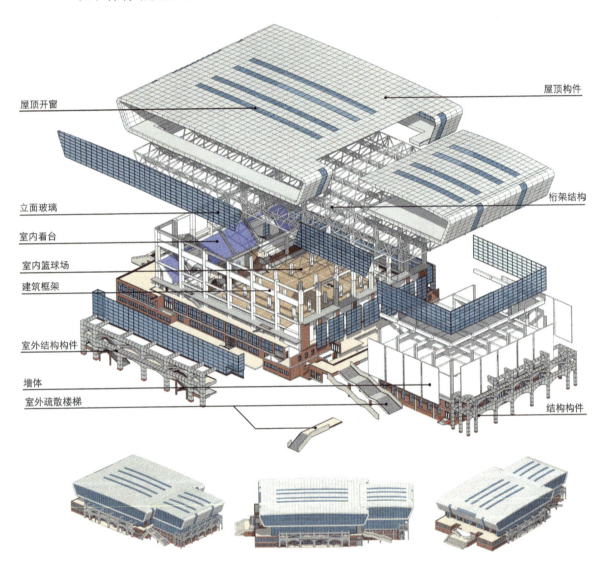

▲图2-29 体育馆模型

（2）凌云楼模型（图2-30）。

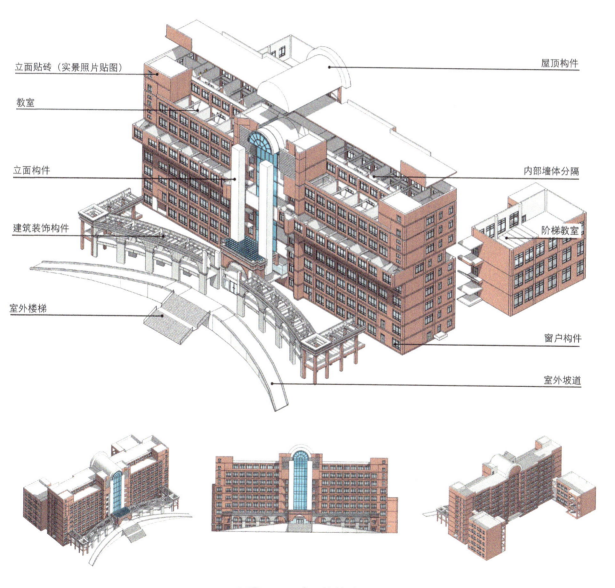

▲ 图2-30 凌云楼模型

(3)现代设计艺术学院模型(图2-31)。

▲图2-31 现代设计艺术学院模型

（4）图书馆模型（图2-32）。

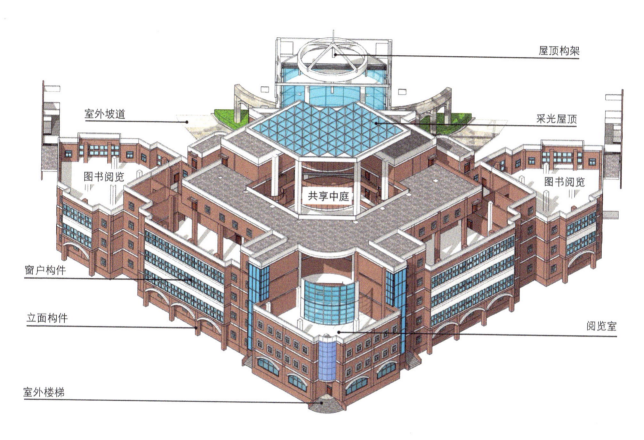

▲ 图2-32 图书馆模型

（5）信息楼模型（图2-33）。

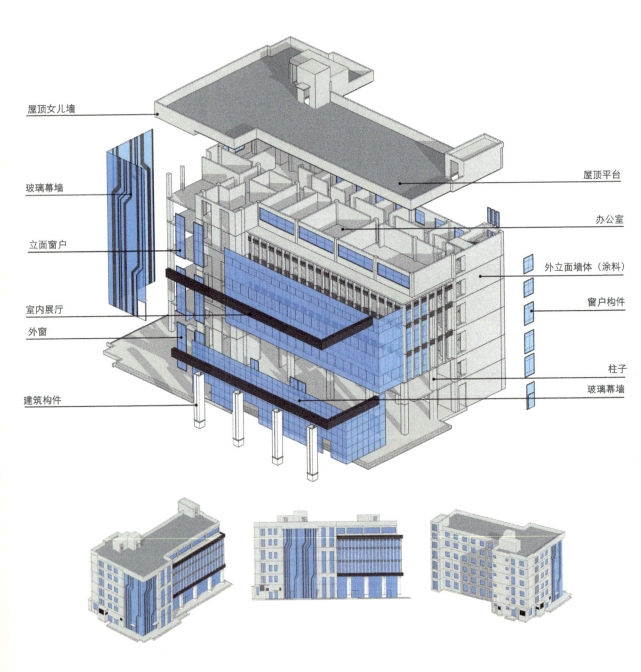

▲ 图2-33 信息楼模型

（6）校园拼贴画模型（图 2-34 ~ 图 2-36）。

▲图 2-34　校园拼贴画模型 1

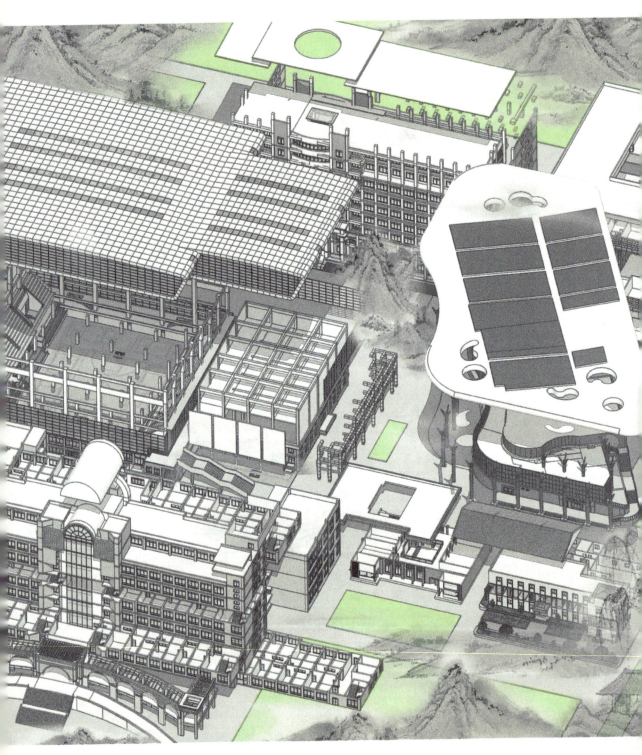

▲ 图 2-35 校园拼贴画模型 2

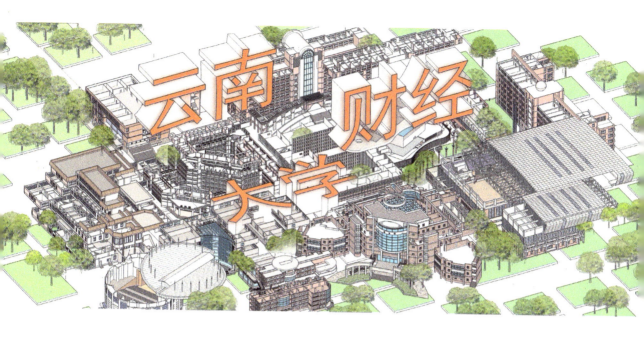

▲ 图 2-36　校园拼贴画模型 3

五、案例总结

一年级学生通过利用 SketchUp 软件对身边的建筑物进行绘制，能更快地适应校园生活，并初步体会到软件与身边建筑之间的关系。用这样一种实践活动让学生意识到，我们生活中的建筑，很多都是可以用软件描绘出来的，设计与生活是息息相关的。

六、课程支撑和扩展阅读书目

《建筑工程制图与识图》《设计美学概论》（图 2-37），各类相关 SketchUp 教程书籍（图 2-38）。

▲ 图 2-37　课程支撑阅读书目

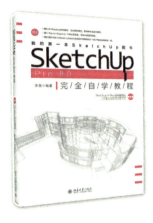

▲ 图 2-38　扩展阅读书目

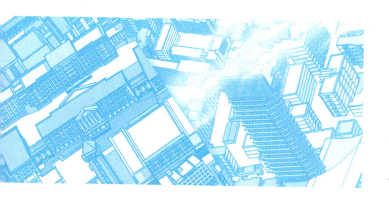

第三章

翠湖创意景观地图设计

阶段： 大二第一学期，掌握软件与进行社会调研。

一、课程导向及课程时段安排

1. 课程导向

在大一实验实训周SketchUp课程学习的基础上，学生已经通过团队合作的形式制作了校园三维地图模型，基本掌握了SketchUp软件的命令及其特点。大二第一学期的软件实训依然让学生通过团队合作的方式，结合实地调研，绘制历史街区的建筑肌理模型。相比较大一第二学期的校园地图模型制作，这学期的软件实训课提高了调研和绘图的难度。老师带领学生外出调研，指导学生对翠湖及其周边的建筑进行调研和数据资料收集。学生能亲身体会到翠湖及其周边地区的建筑风貌与肌理关系，能充分感知传统风貌区域的建筑、街道、景观等多方面要素并绘制三维模型。

2. 课程时段安排

大二第一学期的实验实训周课程时段安排，如表3-1所示。

SketchUp 课程建构与创新实践

表 3-1　大二第一学期课程时段安排表

第 9~10 周 （每学期共计 18 周 其中第 9~10 周为课 堂软件实训）		教　学　重　点	教　学　时　数
第九周 （根据具体学期安 排可以对实践教学 周进行调整）	周一	熟悉 SketchUp 软件界面 逐个介绍 SketchUp 常用命令 软件命令练习 班级学生分组	8 学时 （上午 4 课时软件命令学习 + 下午 4 课时课堂实践）
	周二	现场实地踏勘翠湖片区建筑风貌 翠湖模型制作逻辑方法和学生团队 分组 课堂制作辅导	8 学时 （上午 4 课时现场实地调研 + 下午 4 课时课堂实践）
	周三	现场实地踏勘翠湖片区建筑风貌 （翠湖建筑调研重点：街区内重点 建筑、建筑的比例尺度、建筑材质、 道路及周边环境等） 课堂制作辅导	8 学时 （上午 4 课时软件命令学 习及制作团队分组 + 下午 4 课时课堂实践）
	周四	现场实地踏勘翠湖片区建筑风貌 （翠湖建筑调研重点：建筑比例尺 度、建筑材质、道路及周边环境等） 课堂制作辅导	8 学时 （上午 4 课时软件命令学习 + 下午 4 课时课堂实践）
	周五	根据团队分组进行模型制作 课堂制作辅导 （课后对翠湖建筑进行调研，调研重 点：建筑比例尺度、建筑风格、建筑 材质、环境因素等）	8 学时 （上午 4 课时课堂实践 + 下午 4 课时课堂实践）

续表

第9~10周（每学期共计18周其中第9~10周为课堂软件实训）		教学重点	教学时数
第十周（根据具体学期安排可以对实践教学周进行调整）	周一	团队分组进行模型制作　　课堂制作辅导	8学时（上午4课时课堂实践＋下午4课时课堂实践）
	周二	团队分组进行模型制作　　课堂制作辅导	8学时（上午4课时课堂实践＋下午4课时课堂实践）
	周三	团队分组进行模型制作　　课堂制作辅导	8学时（上午4课时课堂实践＋下午4课时课堂实践）
	周四	团队分组进行模型制作　　课堂制作辅导	8学时（上午4课时课堂实践＋下午4课时课堂实践）
	周五	团队分组进行模型制作　课堂制作辅导　将每组所制作的模型成组并将每组模型合并成整体翠湖片区三维模型	8学时（上午4课时课堂实践＋下午4课时课堂总结）
合　计	十天		80学时

二、课程设计方法

将自然班级进行分组（40~50人/班，10人/组），将翠湖地图按片区合理划分（图3-1~图3-4）。

▲ 图3-1　翠湖卫星图

第三章
翠湖创意景观地图设计

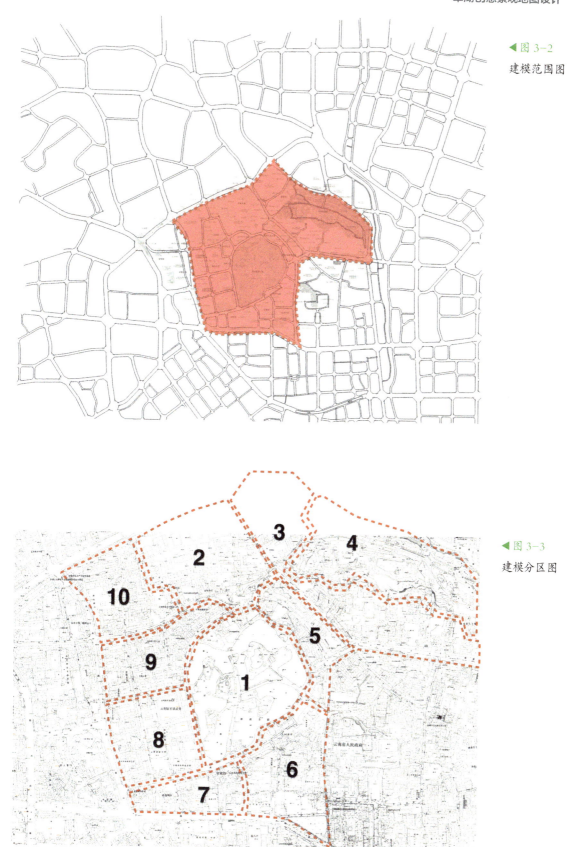

◀ 图 3-2
建模范围图

◀ 图 3-3
建模分区图

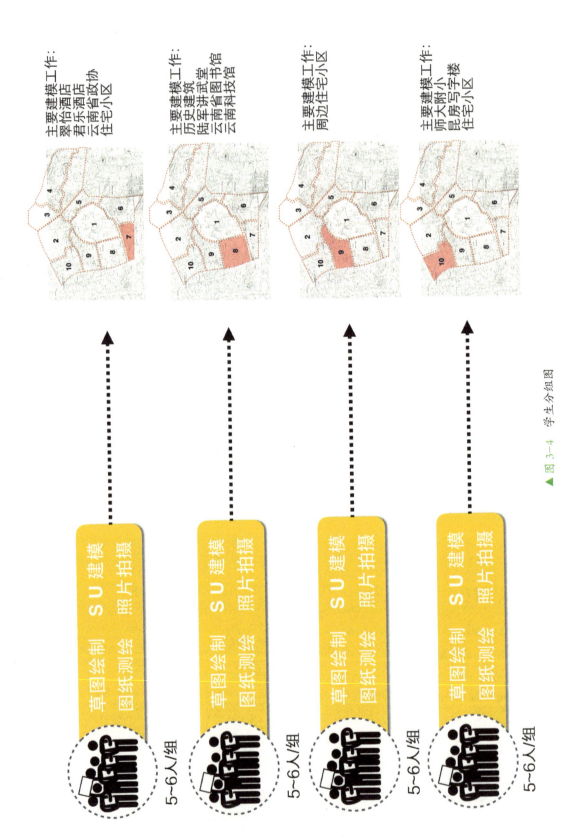

▲图 3-4 学生分组图

三、课程教学成果

（1）建筑单体模型（图 3-5 ~ 图 3-8）。

◀ 图 3-5
建筑单体模型 1

◀ 图 3-6
建筑单体模型 2

▲ 图 3-7　建筑单体模型 3

▲ 图 3-8　建筑单体模型 4

（2）不同地块模型展示（图3-9～图3-17）。

▲ 图3-9 地块5模型

▲ 图3-10 地块6模型

▲ 图 3-11 地块 7 模块

▼ 图 3-12 地块 8 模型

第三章
翠湖创意景观地图设计

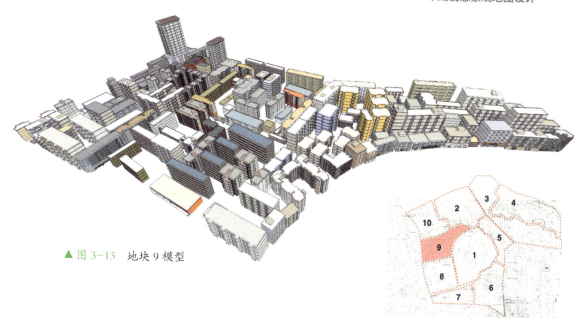

▲ 图 3-13 地块 9 模型

▼ 图 3-14 各区域模型细节

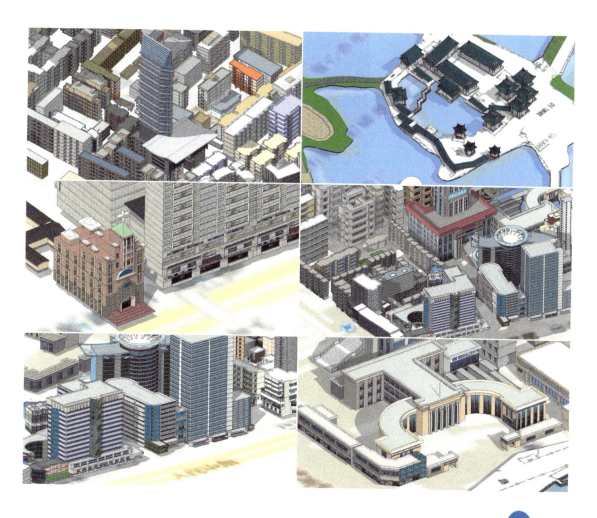

▶ 图3-15
街道立面

第三章
翠湖创意景观地图设计

◀ 图 3-16
建筑群体立面

67

▲ 图 3-17 片区鸟瞰图

第三章
翠湖创意景观地图设计

（3）云南大学建筑模型展示（图3-18～图3-21）。

云南大学在翠湖片区属于具有历史文化沉淀的重要景观建筑群之一，校园内有较多的历史文化遗存，也包含在本次实践课程的调研之中。

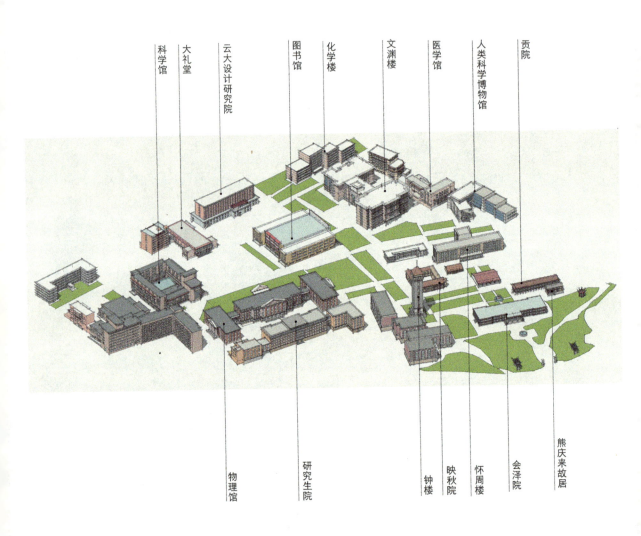

▲ 图3-18　校园重点建筑鸟瞰图

第三章
翠湖创意景观地图设计

◀ 图 3-19
校园建筑模型细节

◀ 图 3-20
校园拼贴画

▲ 图 3-21　云南大学鸟瞰图

四、翠湖创意效果图

翠湖创意效果图，如图 3-22～图 3-26 所示。

▲ 图 3-22　翠湖模型鸟瞰

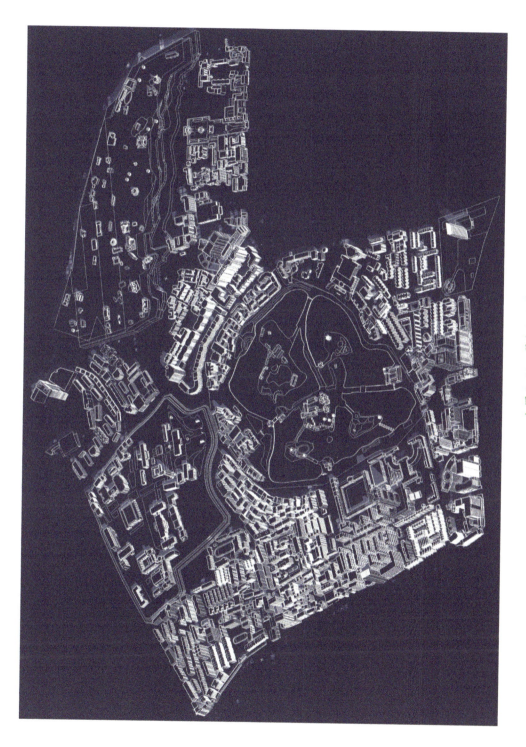

▲ 图 3-23 翠湖肌理图

SketchUp 课程建构与创新实践

▲图 3-24 翠湖拼贴画 1

第三章
翠湖创意景观地图设计

◀ 图 3-25 翠湖拼贴画 2

▼ 图 3-26
云南省图书馆片区效果图

五、案例总结

通过学生们对传统历史街区的调研和建模,亲身体验到历史街区的肌理关系,并通过对历史街区特色建筑的绘制,加深对所生活城市的认知(图3-27)。

▼ 图3-27 学生调研

六、课程支撑及扩展阅读书目

《Auto CAD 2018从入门到精通·实战案例版》（图3-28），《绘长沙·太平街》《京城绘1·人来车往》（图3-29）。

▲ 图3-28　课程支撑书目

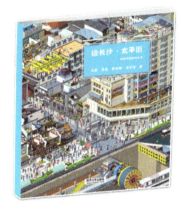

▲ 图3-29　扩展阅读书目

由注重团队协作的创意性作业逐步
向严谨的传统建筑空间建模转变

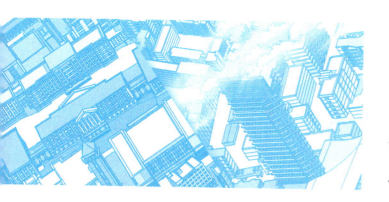

第四章

云南传统民居调研

阶段：大二第二学期，利用软件对传统建筑进行测量、资料收集与模型绘制。

一、课程导向及课程时段安排

1. 课程导向

在两学期实验实训周练习的基础上，学生对SketchUp软件的命令及其特点有了更深入的认识。经过多次对软件基本命令的操作练习及团队协作，学生已经对软件的使用较为熟练。

本学期实训的主要目的：通过对云南民族村的实地调研，对少数民族建筑单体进行分析，对传统民居的图书资料进行搜集和现场的体验，学生能够充分体会传统民居的建造方法和构造特点，并能将不同类型的云南民居建立三维模型，对民居的建造方法和构造方式理解的更加直观和立体。

由于授课学生部分来自云南少数民族地区，因此，鼓励学生将其生活中具有特色的民族建筑进行实操建模。通过建模练习提升学生对中国传统地域民居建筑文化的认知，为之后的新民居建筑方案设计打下基础。

2. 课程时段安排

大二第二学期实验实训周课程时段安排，如表 4-1 所示。

表 4-1　大二第二学期课程时段安排表

第 9~10 周 （每学期共计 18 周 其中第 9~10 周为课堂 软件实训）		教 学 重 点	教 学 时 数
第九周 （根据具体学期安排可 以对实践教学周进行调 整）	周一	熟悉 SketchUp 软件界面 逐个介绍 SketchUp 常用命令 软件命令练习 专题讲座：《云南民居》（PPT 举例参见图 4-1 ~ 图 4-7）并对学生进行调研分组	8 学时 （上午 4 课时软件命令学习及制作团队分组 + 下午 4 课时专题讲解《云南民居》）
	周二	现场实地踏勘昆明市云南民族村中的少数民族建筑，并由学生自选其中的建筑进行测量及相关民居的资料搜集	8 学时 （上午 4 课时现场实地调研 + 下午 4 课时现场实地调研）
	周三	根据对实地民居建筑的调研及所搜集的图纸，分组进行模型制作 教师巡回指导	8 学时 （上午 4 课时课堂实践 + 下午 4 课时课堂实践）
	周四	根据对实地民居建筑的调研及所搜集的图纸，分组进行模型制作 教师巡回指导	8 学时 （上午 4 课时课堂实践 + 下午 4 课时课堂实践）
	周五	根据对实地民居建筑的调研及所搜集的图纸，分组进行模型制作 教师巡回指导	8 学时 （上午 4 课时课堂实践 + 下午 4 课时课堂实践）

续表

第9~10周 （每学期共计18周 其中第9~10周为课堂 软件实训）		教学重点	教学时数
第十周 （根据具体学期安排可 以对实践教学周进行调 整）	周一	根据对实地民居建筑的调研及所搜集的图纸，分组进行模型制作 教师巡回指导	8学时 （上午4课时课堂实践 + 下午4课时课堂实践）
	周二	根据对实地民居建筑的调研及所搜集的图纸，分组进行模型制作	8学时 （上午4课时课堂实践 + 下午4课时课堂实践）
	周三	根据对实地民居建筑的调研及所搜集的图纸，分组进行模型制作 教师巡回指导	8学时 （上午4课时课堂实践 + 下午4课时课堂实践）
	周四	根据对实地民居建筑的调研及所搜集的图纸，分组进行模型制作 教师巡回指导	8学时 （上午4课时课堂实践 + 下午4课时课堂实践）
	周五	根据对实地民居建筑的调研及所搜集的图纸，分组进行模型制作 课程总结	8学时 （上午4课时课堂实践 + 下午4课时课程总结）
合计	十天		80学时

二、课程设计方法

教师通过对《云南民居》的专题介绍（图 4-1~ 图 4-7），让学生了解云南民居建筑的独特性。

学生分组完成不同类型的民居建模练习（图 4-8），同时进行建筑单体的分析图绘制。

▶ 图 4-1　《云南民居》专题 PPT 示意 1

第四章 云南传统民居调研

1 云南民居生存环境 独特性

云南是一个多民族的山区边疆省份。2013年，居住着汉、彝、白、哈尼、傣、壮、苗、瑶、水、满、傈僳等**26**个人口在**6000**人以上的世居民族。在全省**4000多万**的总人口中，少数民族人口占**1/3**（第六次全国人口普查）。除白族、回族、傣族等少数民族一部分人居住在坝区之外，其他**80%**的少数民族仍居住在山区。

山地和**坝区**自然生态的不利因素限制了经济、文化等方面的发展，尤其是传统的生产、生活方式以及制约传统生活方式的居住意识形态等，造成了各民族发展水平的极端不平衡，因而也创造出了丰富多姿、满足不同生活模式与居住质量要求的**民居建筑**形式。

独特的自然地理环境
Unique Natural Geographical Environment

地理地貌

1.高原地形呈盛海状，大面积的土地高低参差，纵横起伏，但在一定范围内又有起伏展和的高原平面，形成一系列云南本地称之为"坝子"的山间盆地。

地理地貌

高山峡谷相间并存。这个特征在滇西北三江并流地区尤为突出。

▶ 图 4-2

《云南民居》专题PPT示意2

第四章
云南传统民居调研

文化的多元性

- 经济类型：可分为采集文化、游耕文化、畜牧文化、农业文化、工业文化和商业文化等；

- 宗教信仰和精神意识：有儒家文化、道教文化、佛教文化、原始宗教及巫鬼文化和基督教、伊斯兰文化之分。

文化的多元性

- 族源：分为氐羌文化、百越文化和百濮文化等几种类型。

- 由于云南各民族分布的"**大杂居、小聚居**"的总体格局，以及在不同时期因外来文化的不断渗透、交融，很容易形成文化构成上的多元态势。

文化的封闭性

云南人口的分布大体上以**坝子**为核心，以坝子边缘山地为外围，形成一个个相对孤立的社会文化单元。人们的生产、生活以坝子为交叉分布，各坝子之间、各民族之间的相互交往限制极大，很容易形成一种**内向的封闭性**。

信仰的并存性

各民族的多种宗教信仰同时并存，原始的自然崇拜、图腾崇拜等现象在这里随处可见。

2

云南民居建筑形式
地域性

随着社会的发展进步和各民族的自我更新，在经过历史与自然的双重雕琢，物质与精神的双重选择之后，云南各地方、各民族结合自己所处的地域生存环境，创造出了具有浓厚地方民族特色的**干栏式**（Stilt style architecture）、**井干式**（Log Cabin Style Architecture）、**土掌房**（Soil Buildings）三种形态的典型民居模式，并以这三种典型民居模式为基础，通过不断地移植再生、调适整合，发展成三种类型的民居系列。

除此之外，还有一些单独发展的其他落土式民居形式。在受到中原汉文化影响后，又融合发展出一类**汉式合院**（Han Style courtyard）的新民居系列，共同构成了现今云南民族传统民居建筑丰富多样、多元共存的局面和特征。

▶ 图 4-3
《云南民居》专题 PPT 示意 3

第四章
云南传统民居调研

井干式

土掌房

干栏式民居是一种底层架空、人居楼上的建筑空间形式。

在现代汉语中,"干"是竹木之意,"栏"或"兰"都是屋舍之意。

在云南,"干栏式"民居系列主要分布于<u>西双版纳州</u>、德宏州、怒江州、思茅地区、临沧地区及红河州部分地区,属于热带、亚热带湿热河谷地区。

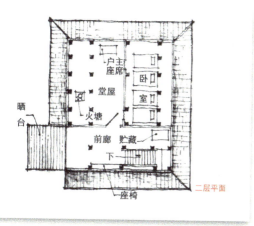

▶ 图 4-4

《云南民居》专题PPT示意4

干栏式建筑普遍 **存在的问题**

1. 功能上不符合现代生活的要求——包括：
   (1) 底层圈养牲畜，环境卫生条件差；
   (2) 卧室不分间，不符合现代生活需求；
   (3) 缺少独立的厨房；
   (4) 缺少卫生间；
   (5) 室内较为昏暗，采光差。

2. 材料上耗费木材多，目前的资源无法满足需求。

新干栏式民居探索

方案类型

方案1（图7）——总建筑面积300 ㎡，可适用于3-4口家庭。
方案2（图8）——总建筑面积390.9 ㎡，可适用于5-6口家庭。
方案3（图9）——总建筑面积487.9 ㎡，可适用于6口以上家庭，或兼有书房、工作间，或兼有旅游接待客房。

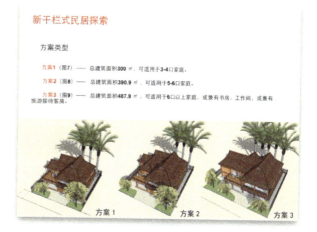

方案1　　方案2　　方案3

方案2

方案3

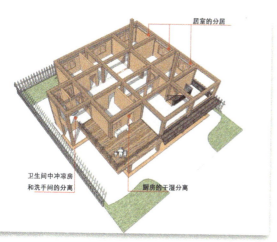

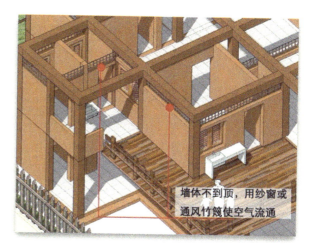

▶ 图 4-5

《云南民居》专题PPT示意5

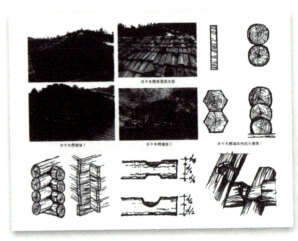

井干式民居

井干式民居是用圆形或方形木料层层堆砌而成，在重叠木料的每端各挖出一个能上托另一木料的沟槽，纵横交错堆叠成井框状的空间，故名"井干"式。

"井干"式民居是"壁体用木材层层相交，至角十字相交——梁架结构仅在壁体上立瓜柱，承檩椽子。"

以"垒木为室"构成的"井干"式民居，其相互交错叠置的圆木壁体（也有半圆或木板状），既是房屋的围护结构，也是房屋的承重结构。在空间上所呈现的封闭性特征与洞穴有着某种文化上的渊源关系，此类民居建筑的屋盖多为"悬山"式，常采用坡度平缓且相互搭接的双坡木板覆盖（又称"闪片"或"滑板"），为防止木板滑落、脱落，又在木板上压上石块。

井干式结构的木墙和木板屋顶及压顶石，使这种类型的传统民居在外观形态上表现出统一协调的材质肌理和韵律，同时井干结构的木墙体与屋面支撑构架彼此独立，其简洁的建筑形体和构造，适用于在不同坡地上建造，并且井干结构主体还可以和局部的底层架空的干栏、"平座"或土墙处理相结合，调整与缓坡地形的联系。

由于井干式壁体所围合的空间具有良好的保温性能，且房屋建造需要的木材用量较多，因此，"井干"式民居建筑主要分布在云南滇西北地区的**兰坪**、丽江、维西、贡山等气候比较冷但取材方便的林区。

居住井干式民居的少数民族主要有**普米族**、怒族、独龙族、傈僳族。

普米族井干式木楞房

普米族的木楞房由于居住地区不同，家庭类型和大小不同，其房屋及院落主要由住房、厨房、库房、畜圈组合而成，常见两种方式：

1. **四合院式**：多数为父系大家庭三代四代人合住在一起。
2. **半开敞式**：各种半开敞式的院落，属父系小家庭四至五口人居住。

除院落式大房子外，普米族居住的木楞房，一般为矩形三开间二层房屋，楼下住人，楼上储物，建于坡地上的木楞房为防潮湿，地板通常用石块垫起架空，房屋正面有一间或三间前廊，作室外活动场地，主卧室内均设有"火塘"，并在其周围设床。

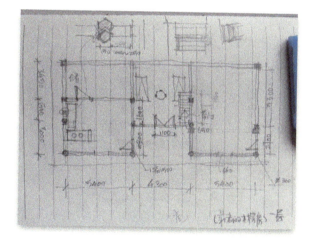

91

▶ 图 4-6

《云南民居》专题PPT示意6

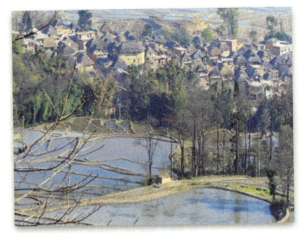

第四章
云南传统民居调研

土掌房，即在密楞上铺柴草抹泥的平顶式夯土房屋，属于**生土建筑**。

其特点是平面呈方形，布置紧凑，节约用地，建筑保温隔热性能良好，室内冬暖夏凉，适合干热和干冷气候地区居民居住，就地取材、建造方便、经济，居居叠落的土平屋顶设置，克服了自然地形的限制与不利，创造出符合山地农耕生活需要的室外平台场地及生活空间，满足了当地居民日常生产、生活的功能要求。

土掌房民居主要分布在云南的元阳、元江、墨江、石屏、建水等地区。

居住土掌房民居的民族主要有**哈尼族**和部分彝族、汉族。

民居的土掌平屋顶、土抹面、封火土顶等成了不可缺少的晾晒场所设施，只是面积大小因家庭人口多寡稍有不同。值得注意的是，聚居在本地区的其他民族，不论是彝族、汉族还是傣族，基本和哈尼族一样，住房也是由草房和土掌房两部分组成，说明这种**民居形式是适应自然条件和生产生活需求的**。

土掌房民居形式是气候炎热，干旱少雨地区的一种适应性民居模式，当哈尼族把这种模式带到雨水较多的新地区后，为了防雨，便在土掌房顶部加了一个坡度略大于45度的**四坡顶**，这是对民居传统形式的又一次适应性调整。

哈尼族的土掌房（俗称"蘑菇房"）

红河州元阳哈尼族传统民居，大多由四坡屋面的草顶与土掌房组合而成，草顶部分为正房、二层，两坡或四坡、脊短坡陡，外形近似蘑菇，土平顶部分一般是正房的前廊或耳房、单层或二层，顶为晒台，由正房二层至晒台晾晒农作物，十分方便。

▶ 图 4-7
《云南民居》专题 PPT 示意 7

4 汉式合院（以腾冲和顺合院式民居为例）

腾冲地区（和顺）合院民居

腾冲地区现存的合院民居大多数是**晚清和民国**时期建盖，其平面空间格局的基本组合主要有**3**种模式：
一正两厢房
四合院
一正两厢带花厅

组合成这三种基本模式的各种空间构成要素，都保持着一种稳定和有机的整体结构关系，无论其规模、尺度如何改变，这种整体结构关系的严整组合都不会有大的改变。

四合院式：

由**正房、左右厢房和倒厅组成**，中央是天井，有明确的**中轴线**，倒厅实际上是正房的反向应用，只是进深尺寸略小于正房，以保持正房的主体地位，**入口大门常设在倒厅的左侧或右侧**，有些人家用地宽敞，则在此基础上再增设正房、耳房，形成大型的"四合院"平面格局的拓展形式。

三种合院民居平面形式虽方整但不呆板，虽紧凑而不局促，组格局统一而仍有很多变化，究其原因，**天井**起了相当关键的作用。这里的合院天井小而长，（仅比正房明间的开间略宽），并且天井连接着大门及门道空间与半开敞的正房堂尾、左右厢房，是合院平面形式中最积极、最活跃的构成因素。

第四章
云南传统民居调研

正两厢式：

即由正房（有时一侧带耳房）、左右厢房和照壁、围墙以天井为中心组合而成。厢房对称布置，有明显的中轴线空间关系。厢房进深比正房次间宽度稍小，前面甩吊厢楼浅廊。入口一般设在正房的左边或右边厢房处，于厢房山墙面做随墙贴式大门。靠入口处的一间又常作为厨房，另一侧厢房常做书房或子女卧室。

正房地基一般比厢房高0.7--1.5米。明间向内凹进1.6米，成为堂屋前的半室内过渡空间，也是一般待客、闲坐闲谈之所。因**堂屋中供有天地、祖宗、灶君牌位，为表崇敬之心**，不致碰闲干扰。日常仅开中间两扇门，当地俗称此处为"廊前客"。一般来客访衣、儿童玩耍、非正式的活动、就餐常都在这里进行。正房与厢房隔帘时夹置两部上下楼梯，既隐蔽，又方便。二楼一般空置，或仅放些杂物。这是一种常见的主流院落形式，其变体是在正房两山外加设耳房，占地小而规整。小型民居多采用此种形式。

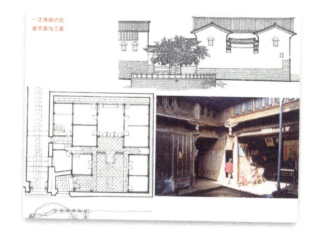

一正两厢式民居平面与立面

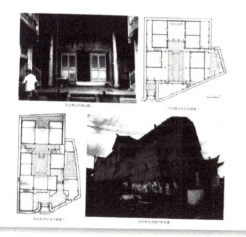

腾冲地区的合院式民居：

一方面运用**标准化的构成单元组合平面**，显示出其统一性和规范性；

另一方面，在不破坏统一性和规范性的前提下，**根据地形，适应功能变化要求**，运用"增量"和"替代"的方法，把平面组合作相应的调整，形成丰富多样的变体，从而显示出其极大的灵活性与广泛的适应性。

我们可以把腾冲地区的合院民居组成要素归纳为**大门、过道、正房、厢房、过厅、花厅、天井、照壁等一些标准构成单元**。并利用这些标准单元进行多种形式的拼接组合，一切以住家的经济、家庭结构、用地大小、使用要求和艺术追求来确定，从而形成一个可有限增殖的有机平面体系，创造出多种使用功能不同的空间环境。

95

SketchUp 课程建构与创新实践

▶ 图 4-8
学生分组完成调研及模型绘制

三、课程教学成果

1. 傣族民居（西双版纳地区）

（1）傣族民居介绍一。

傣族民居是一种底层架空、人居楼上的建筑空间形式，也叫做"干栏式"民居，"干"是竹木之意，"栏"或"兰"都是屋舍之意，而且"干"在壮侗语族中表示"上面"的意思，"干栏"即为房屋的上层。以前"干栏式"民居的分布十分广泛，遍及我国古代南方百越族群的大部分聚居区域，之后随着人口的大量迁移而重新分布。目前，"干栏式"民居在云南西部和西南部边境有较多保留。

"干栏式"民居的一般建造方法为：①先于选择好的地基上，根据建筑规模的大小，设立底层的木桩支柱；②在木桩支柱上交错搭接纵、横两向的竹木梁架，然后再铺设木板或竹篾板形成架空的平台，其中有一些支撑柱子（如转角柱、房间分隔柱、中柱等）可直接升

第四章　云南传统民居调研

到上层；③在升到上层的柱子顶部建盖屋架、铺设屋面；④建设用于维护房屋和分隔房间的墙壁。伴随这些建房程序，各民族还会有一系列的民俗活动仪式。

"干栏式"民居示意图：轴测图＋结构分解图（图4-9和图4-10），平面示意图、立面图、剖透视图（图4-11～图4-13），傣族民居群落效果图和街巷效果图（图4-14和图4-15）。

◀ 图4-9　轴测图

▶ 图4-10
结构分解图

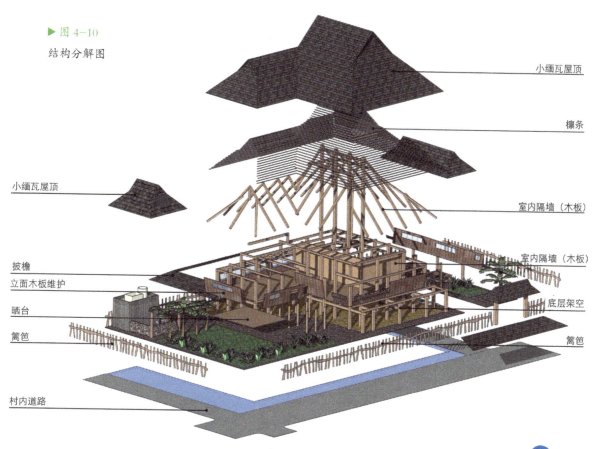

小缅瓦屋顶

檩条

室内隔墙（木板）

小缅瓦屋顶

室内隔墙（木板）

披檐

立面木板维护

底层架空

晒台

篱笆

篱笆

村内道路

97

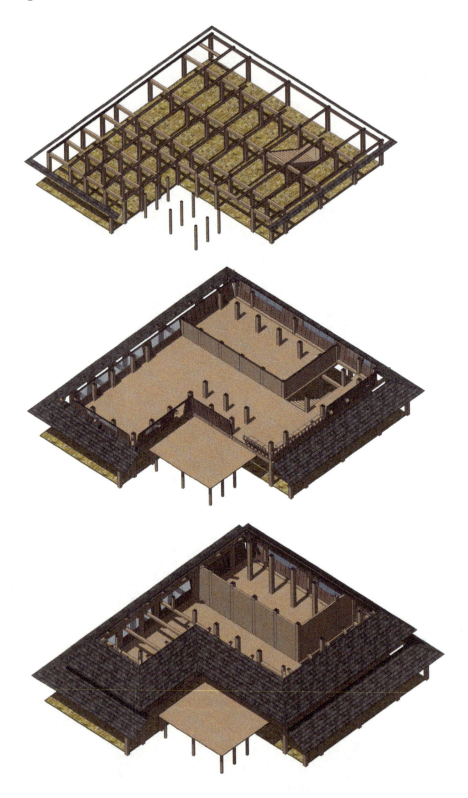

▲ 图 4-11 平面示意图

第四章 云南传统民居调研

▲ 图 4-12 立面图

▲ 图 4-13 剖透视图

SketchUp 课程建构与创新实践

▲ 图 4-14 傣族民居群落效果图

▲ 图 4-15 傣族民居街巷效果图

（2）傣族民居介绍二。

傣族民居的基本特征：屋分上、下两层，上层根据傣族人自身的实际生活需求、家庭成员构成，围合分隔为不同的居住使用空间；下层架空，堆放杂物或圈养家畜，并置梯以达上层，满足在湿热地区防水、防雨、通风、散热的要求，并能适应不同地形和居住要求；在建筑主体的外部一般设置一个室外的展台，作为日常生活活动的辅助平台；建盖房屋所用的建材常以竹、木、草、缅瓦为主，结构简单、因地制宜、经济适用。

西双版纳地区的傣族干栏竹楼，俯视平面接近于方形。自楼梯拾级而上先至前廊，前廊有顶无墙，是一个多功能的前导空间，可作处理家务、歇息、交往、瞭望之用，具有良好的采光（非直射光）、通风和视野。与前廊纵向连接的"平展"，是供居民日常冲洗、晾晒的露天架空平台，实用且又有很强的装饰性，是干栏民居独特的空间构造。

西双版纳地区的傣族竹楼，歇山屋面的坡度一般较陡，重檐居多，屋面主次交错结合，外形轮廓变化丰富。屋面主要采用预制茅草和方形缅瓦，铺设在网格形的竹挂瓦条上，不易滑落。

竹楼的架空底层，一般由 40 ~ 50 根木柱来支撑上部结构，柱距在 1.5 米左右，共 5 ~ 6 排。竹楼的底层被用作辅助空间，通常的层高是 1.8 米 ~ 2.5 米，上到楼面的楼梯有 9 级 ~ 11 级，底层四周一般不设围护墙，只用竹篱或棚架围出相应的贮藏空间。

竹楼示意图：轴测图 + 结构分解图（图 4-16 和图 4-17），平面示意图、立面图、剖透视图（图 4-18 ~ 图 4-20）。

▲ 图 4-16　轴测图

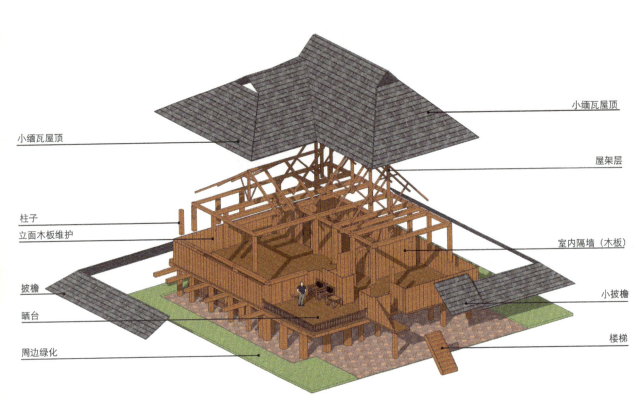

▲ 图 4-17 结构分解图

第四章
云南传统民居调研

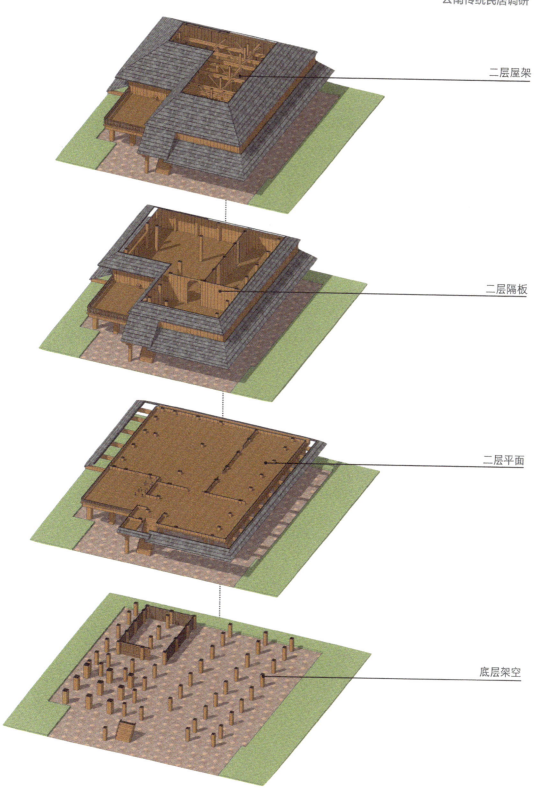

二层屋架

二层隔板

二层平面

底层架空

▲ 图 4-18 平面示意图

▲ 图 4-19　立面图　　　　　　　　　　▲ 图 4-20　剖透视图

2. 土掌房民居（红河地区）

（1）土掌房民居介绍一。

土掌房，即在木楞上铺柴草、抹泥的平顶房式夯土房屋，属于生土建筑，其特点是房屋俯视平面呈方形，布置紧凑，节约用地，适应性强，能适应不同坡度的地形；建筑保温隔热性能良好，室内冬暖夏凉，适合干热和干冷气候地区居民居住；就地取材，建造方便、经济；层层叠落的土平屋顶设置，克服了自然地形的限制与其他不利因素，创造出符合山地农耕生活需要的室外平台场地及生活空间，满足了当地居民日常生产、生活的功能需求。

土掌房民居主要分布在云南的元谋、新平、元江、墨江、石屏、建水、红河等地区。土掌房采用的木材、树叶、泥土、石灰等天然材料，皆是就地取材，既方便又经济，适合广大乡村的普通居民建盖。同时，土掌房民居结构合理，施工操作简单，可分期建盖，先设立基础、夯筑墙体，再立屋架、铺设木楞柴草，最后夯筑屋顶、抹平。

土掌房民居外部结构示意图：轴测图＋结构分解图（图 4-21 和图 4-22），平面示意图、剖透视图（图 4-23 和图 4-24）。

第四章
云南传统民居调研

▲ 图 4-21 轴测图

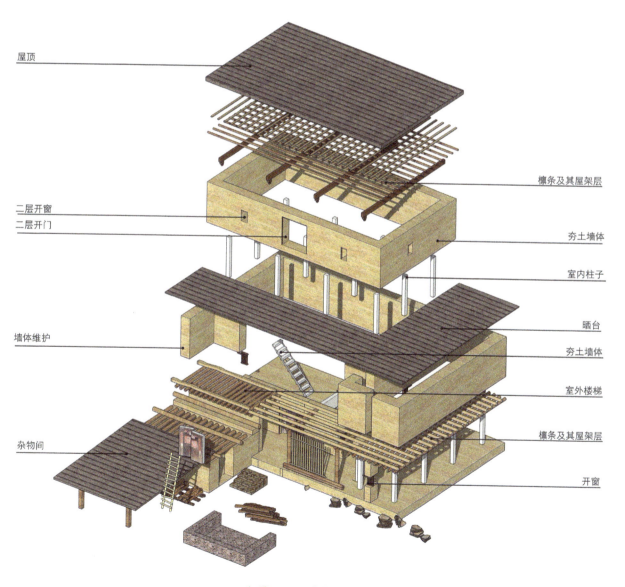

▲ 图 4-22 结构分解图

▲ 图 4-23 平面示意图　　　　　▲ 图 4-24 剖透视图

（2）土掌房民居介绍二。

土掌房一般为三开间长方体或正方体，结合坡地灵活退台处理为两层或三层。土木结构的房屋分前后两部分布置，前部是厢房（又称耳房），后部为正房。入口一般居中设置，前后地面有高差，空间主次分明，墙壁为纯粹夯土墙体或用土坯垒砌成的墙体，土墙一般为两层高，底部厚达1米。屋顶以粗细不等的横木分层覆盖，用树枝、柴草铺平后，再以泥土分层夯实，面层涂抹平滑，整个屋顶结实、平整、不漏雨。层层叠落交错的退台屋顶，使建筑外形平稳凝重，敦厚朴实，统一中有变化，与坡地环境融为一体。

土掌房厚实的土墙和土平顶围护结构，具有较好的隔热保温和防寒保暖性能，比较适应过热或过凉的自然气候条件。屋顶平面和室内空间接近正方形，外露的受热面积较少，且由于土质本身吸热和散热较慢，故能保持室内冬暖夏凉、昼凉夜暖，

第四章
云南传统民居调研

比较适应昼夜温差变化较大的气候环境。土掌房是炎热（或寒冷）、干旱少雨地区的一种适应性民居模式。

土掌房民居内部结构示意图：轴测图+结构分解图（图4-25和图4-26），平面示意图、剖透视图（图4-27和图4-28）。

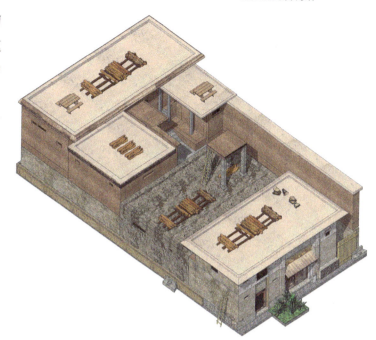

▲ 图4-25 轴测图

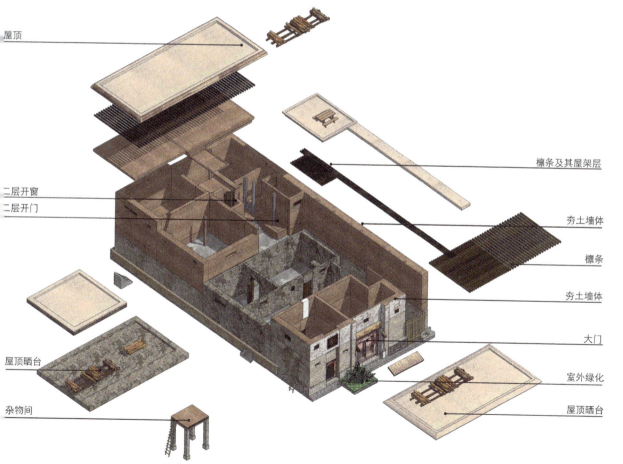

▲ 图4-26 结构分解图

3. "一颗印"民居

（1）"一颗印"民居介绍一。

在昆明的传统民居中，最富特色的是典型的"一颗印"合院，它有固定的基本平面形式，外形紧凑封闭，方正如旧时官印，因此而得其名。这种外边封闭的合院式民居，其内部有着精致而丰富的空间。昆明的城市特色或许就如同这合院式民居一样，在无声中孕育着无限的变化。

"一颗印"民居在昆明被称为"三间两耳"或"三间四耳倒八尺"。所谓"三间四耳倒八尺"，指的是正房有三间；两侧厢房（又称耳房）各有两间，共四间；与正房相对的倒座，进深限定为八尺。

"一颗印"民居结构示意图：轴测图+结构分解图（图4-29和图4-30），平面示意图、剖透视图、剖切图、鸟瞰图（图4-31～图4-34）。

▲图4-27 平面示意图

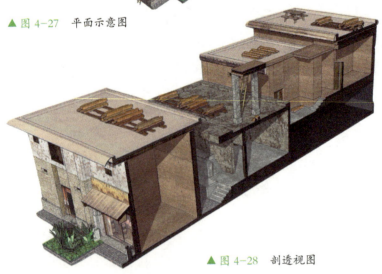

▲图4-28 剖透视图

第四章
云南传统民居调研

▲ 图 4-29 轴测图

▼ 图 4-30 结构分解图

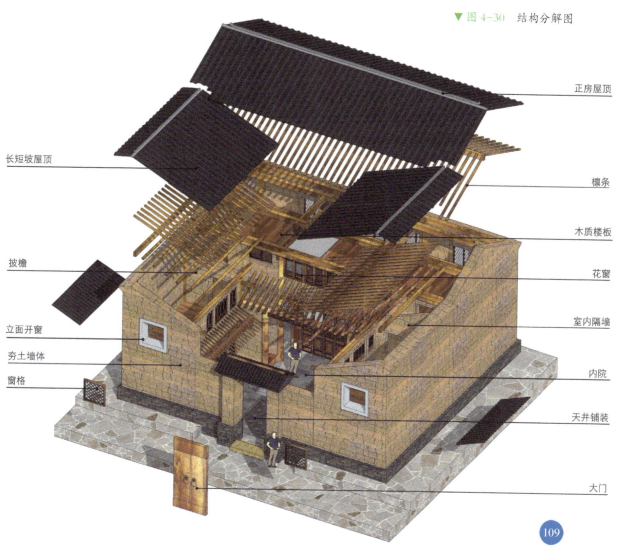

长短坡屋顶

披檐

立面开窗

夯土墙体

窗格

正房屋顶

檩条

木质楼板

花窗

室内隔墙

内院

天井铺装

大门

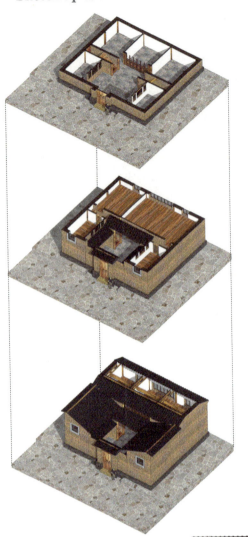

◀ 图 4-31 平面示意图

▶ 图 4-32 剖透视图

▶ 图 4-33 剖切图

◀ 图 4-34 鸟瞰图

（2）"一颗印"民居介绍二。

在20世纪30年代，中国的老一辈建筑学家就开始对"一颗印"合院这种民居形式进行发掘、研究，并逐渐使这种民居广为人知。为什么会有这种民居形式，对其成因，有学者提出了避风、防盗之说。一则是说昆明地区风大，为有利于避风而发展了此种民居形式；再则是因其外墙封闭而且坚固，有利于防盗。所以，这种避风、防盗之说并不是没有道理。

"一颗印"被认为是云南汉式合院式民居中较为简单和基本的形式。

而这种形式仍可以再被简化成只有一侧耳房的"半颗印"。"半颗印""一颗印"民居的联排修建，构成了"一颗印"合院民居系列（图 4-35）。这种变化后的大型合院，如今在昆明市区内的一些老街区仍可以找到，在昆明近郊的官渡镇、大板桥镇和小板桥镇还能看到较大范围的"一颗印"合院民居形式的遗存。

"一颗印"合院民居示意图：轴测图 + 结构分解图（图 4-36 和图 4-37），平面示意图 + 剖透视图、剖切图、立面图 + 剖透视图、内部结构图（图 4-38 ~ 图 4-41）。

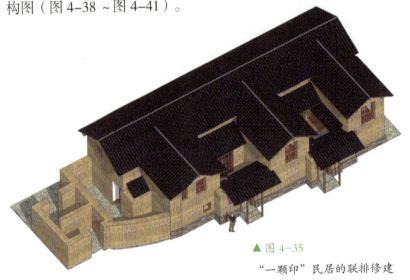

▲ 图 4-35

"一颗印"民居的联排修建

▲ 图 4-36　轴测图

第四章
云南传统民居调研

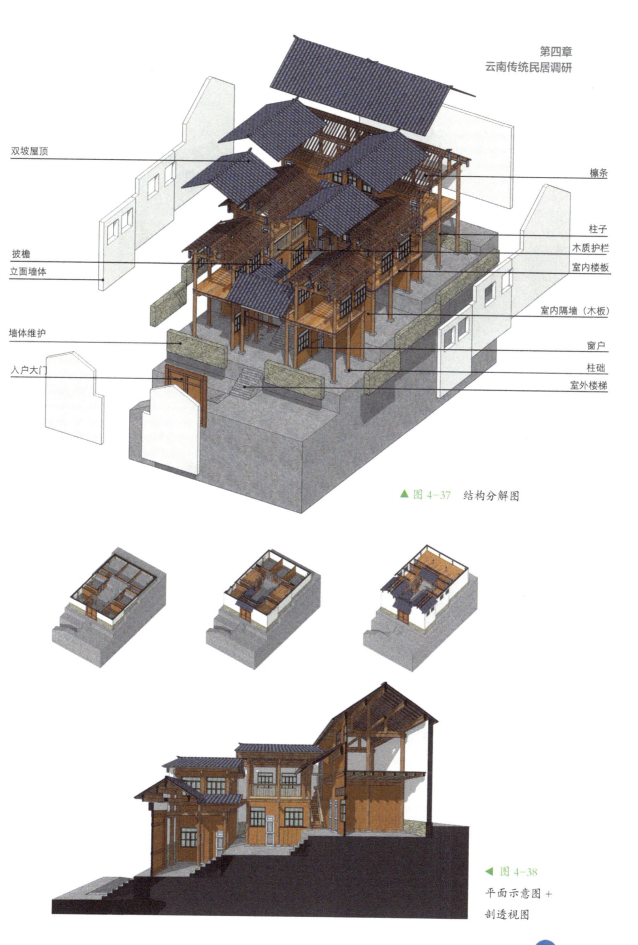

▲ 图 4-37 结构分解图

◀ 图 4-38 平面示意图 + 剖透视图

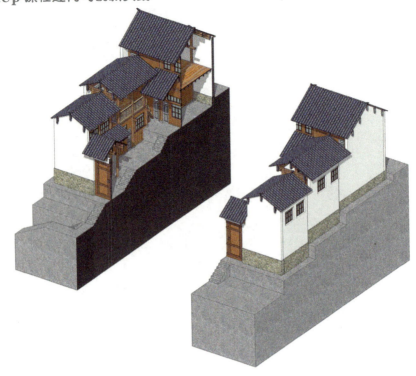

▲ 图 4-39 剖切图

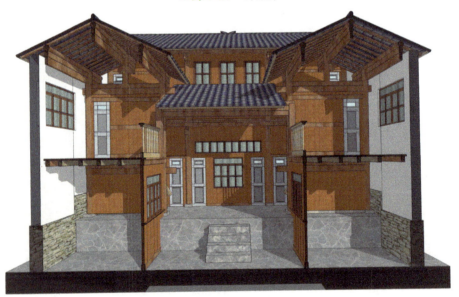

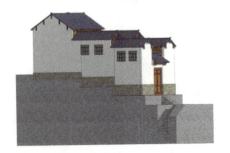

▲ 图 4-40 立面图 + 剖透视图

第四章
云南传统民居调研

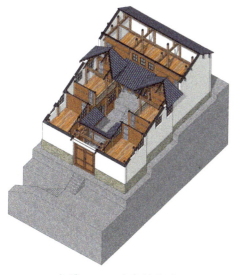

▲ 图 4-41　内部结构图

四、教学总结

通过对云南民居的分析及模型绘制，学生们掌握了绘制民居的主要特点；通过对民族村相关村落资料的查阅和调研，对云南民居建筑文化有了更深入的认识。感性认识（民族村调研、现场体验民居建筑的材料、空间和尺度）与理性认识（《云南民居》专题讲解、参考书目查阅、绘制模型）的结合，让学生对民居理解的宽度和深度大大增强，为后期课程的顺利进行打下坚实基础（图 4-42）。

五、扩展阅读书目

《云南建筑》《中国云南的傣族民居》《云南民族建筑》《传统民居价值与传承》《族群、社群与乡村聚落营造》（图 4-43）。

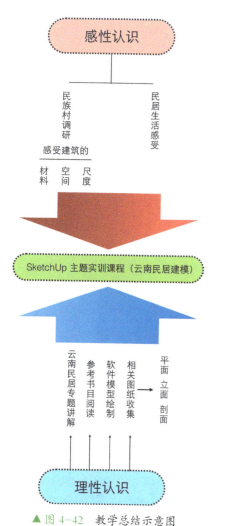

▲ 图 4-42　教学总结示意图

▲ 图 4-43　扩展阅读书目

115

由注重还原本土传统建筑及室内空间建模研究向创新建筑功能和形式转变

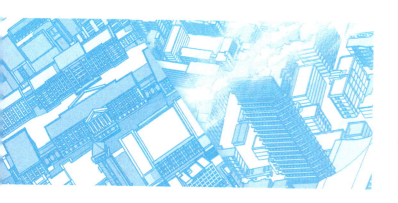

第五章

新民居建筑设计

阶段：大三第一学期，结合校内实际项目，参与项目模型绘制。

一、课程导向及课程时段安排

1. 课程导向

本学期采用实题实作的形式，将实际项目（校级重点课题：昆明呈贡区赵家山村新农村建设）引入实训中，教师需要安排好项目与实训的相关时间节点，结合课程让学生根据项目中的村落进行实地采风和调研，让学生把图纸上的建筑，结合实际的地形进行分析和制图，使学生的SketchUp建模符合实际设计要求（图5-1），让学生在设计方案时跟进项目进展，同时思考乡村建筑的施工方式并解决实际项目中遇到的问题。

虽然并非每个学期的实验实训周都可以有此类课题或适合分享给学生的实操项目，但教师应当积极地创造条件，在实验实训周期间寻找适合学生操作的项目，积

SketchUp 课程建构与创新实践

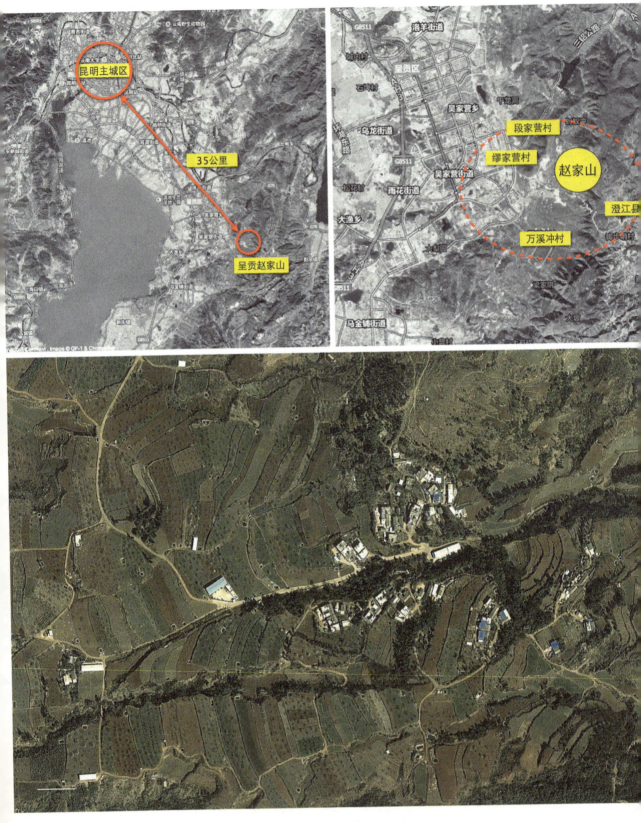

▲ 图 5-1　项目区位及卫星图

第五章
新民居建筑设计

极将项目引入实训教学中（图5-2），同时辅助项目顺利实施，并过渡和应用到学生的大四毕业设计中，使学生能从项目中学到除软件建模之外的项目实践经验，能熟练地将草图→方案→设计图纸→SketchUp模型→实际项目施工相结合，真正体会到细致化的模型制作为实际项目带来的直观性和便利性。

▲ 图5-2 项目现场施工图

2. 课程时段安排

大三第一学期实验实训周课程时段安排，如表 5-1 所示。

表 5-1　课程时段安排

第 9~10 周 （每学期共计 18 周 其中第 9~10 周为课堂 软件实训）		教　学　重　点	教　学　时　数
第九周 （根据具体学期安排可 以对实践教学周进行调 整）	周一	SketchUp 软件命令简述 了解和认识项目区位及其当地建筑形态	8 学时 （上午 4 课时软件命令简述 + 下午 4 课时课堂实践）
	周二	现场实地踏勘村落建筑风貌 根据村落户数对学生进行分组分工 分别对村落建筑进行拍照、测量、材质收集等工作	8 学时 （上午 4 课时现场实地调研 + 下午 4 课时现场实地调研）
	周三	现场实地踏勘村落建筑风貌 分别对村落建筑进行拍照、测量、材质收集等工作	8 学时 （上午 4 课时现场实地调研 + 下午 4 课时现场实地调研）
	周四	团队分组整理村落调研资料 模型制作 课堂制作辅导	8 学时 （上午 4 课时课堂实践 + 下午 4 课时课堂实践）
	周五	现场实地踏勘村落建筑风貌 分析新民居建筑形式，思考方案	8 学时 （上午 4 课时课堂实践 + 下午 4 课时课堂实践）

续表

第9~10周 （每学期共计18周 其中第9~10周为课堂 软件实训）		教 学 重 点	教 学 时 数
第十周 （根据具体学期安排可以对实践教学周进行调整）	周一	分析新民居建筑形式，绘制方案图 模型制作 课堂制作辅导	8学时 （上午4课时课堂实践 + 下午4课时课堂实践）
	周二	分析新民居建筑形式，绘制方案图 模型制作 课堂制作辅导	8学时 （上午4课时课堂实践 + 下午4课时课堂实践）
	周三	分析新民居建筑形式，绘制方案图 模型制作 课堂制作辅导	8学时 （上午4课时课堂实践 + 下午4课时课堂实践）
	周四	分析新民居建筑形式，绘制方案图 模型制作 课堂制作辅导	8学时 （上午4课时课堂实践 + 下午4课时课堂实践）
	周五	课堂制作辅导 课程总结 提交文本	8学时 （上午4课时课堂实践 + 下午4课时课程总结及文本提交）
合 计	十天		80学时

二、课程设计方法

课程的分工合作、实地调研，如图 5-3 所示。

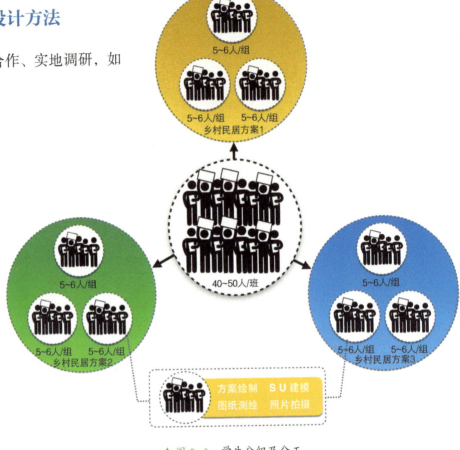

▲图 5-3　学生分组及分工

三、课程教学成果

1. 乡村新民居方案一

（1）设计要点。

此方案由三栋建筑组成，户型面积均相同，每栋设计基底尺寸为 8000mm×8000mm，依据当地基本宅基地面积，方案所设计的宅基地（每户）总占地面积为 60 m² 左右。针对乡村丰富多变的山地地形，方案综合考虑了采光、住宿、仓储、观光、休闲等因素，并依据其地形变化，采用了错落建筑及组合式的模数化建造体系。同时，方案对屋顶形式、家庭内部使用功能、后期发展旅游经营、住宿客房使用需求等方面都给予了充分体现。

（2）方案模型。

建筑方案（图 5-4），结构分解图（图 5-5），立面及剖面图（图 5-6）。

第五章
新民居建筑设计

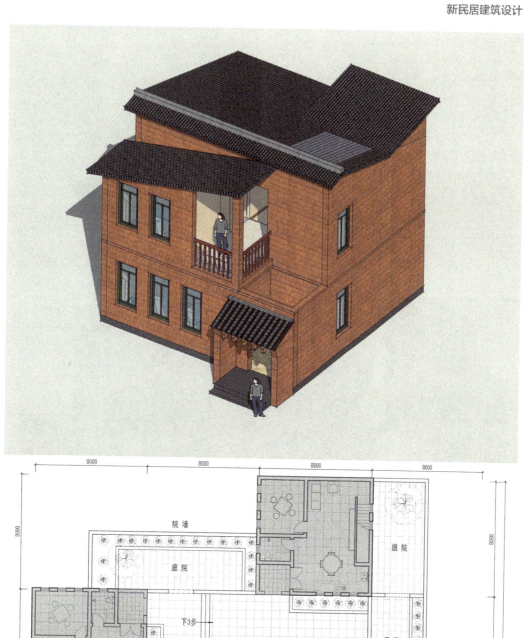

▲ 图 5-4 建筑方案的轴测图及平面图

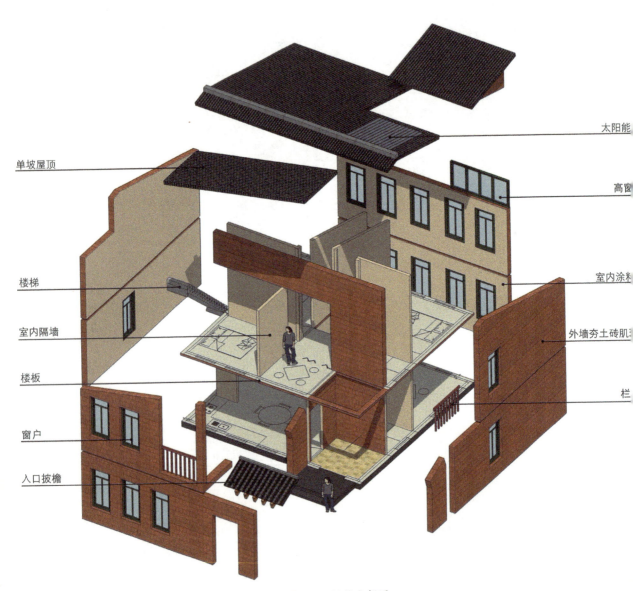

▲ 图 5-5 结构分解图

第五章 新民居建筑设计

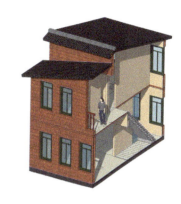

▲ 图 5-6　立面及剖面图

2. 乡村新民居方案二

（1）设计要点。

本方案为云南本土民居建筑形式的再现，即还原本土民居建筑形态。昆明及周边地区的民居多以"一颗印"建筑形式为主，因此，本方案户型的设计具有本土建筑形式和空间的特点，且不破坏当地原有村落的建筑形态和肌理。

依据地区规划要求和政府对宅基地的面积控制，本方案继承和发展了"一颗印"民居的传统风貌，延续"一颗印"民居的家庭空间使用功能，再结合现下农村民居的户型要求，将当地原有"一颗印"的房间面积、进深和开间做了修改，设计出同昆明本土建筑形态相类似的"一颗印"新民居建筑。

（2）方案模型。

建筑方案（图 5-7），结构分解图（图 5-8），立面及剖面图（图 5-9）。

SketchUp 课程建构与创新实践

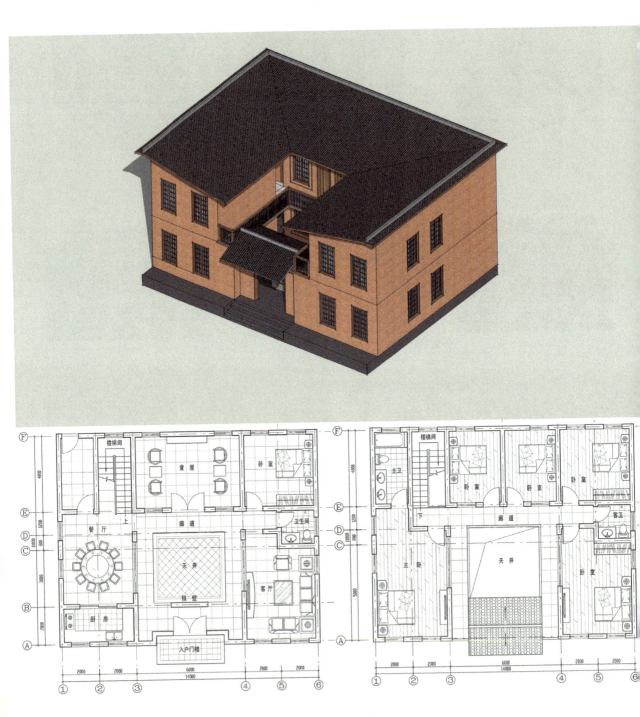

▲ 图 5-7 建筑方案的轴测图及平面图

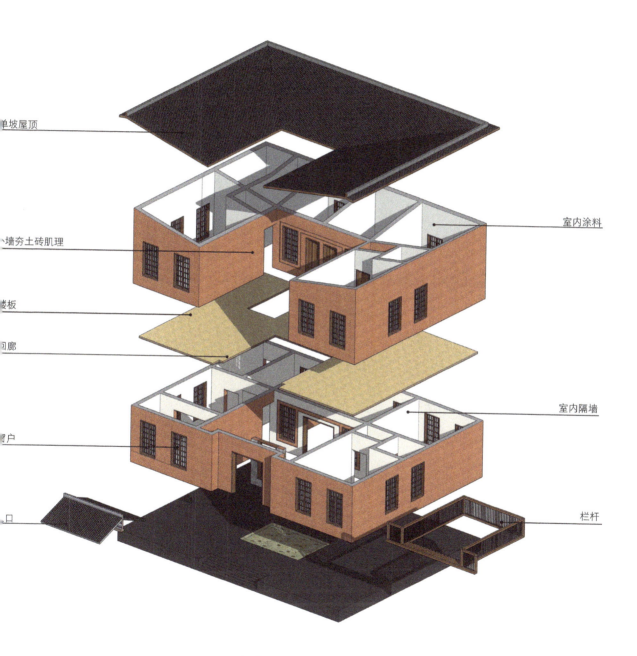

▲ 图 5-8 结构分解图

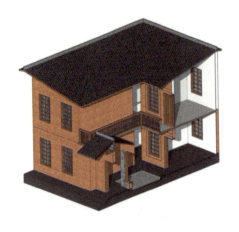

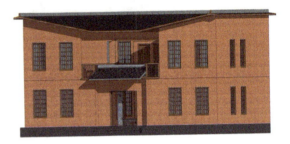

▲ 图 5-9　立面及剖面图

3. 乡村新民居方案三

（1）设计要点。

"L"形民居是在村民原有宅基地场地划分不变的情况下形成的建筑形态。在本方案的设计过程中，参考了当地部分村民家庭的院落形态，结合村民对未来旅游接待、独户院落等的需求，方案最终运用"L"型及半开敞式的围合形态，对农户的住宅形态，农户院落、晒台、廊架进行了设计，释放了院落空间，使住宅院落较为规整，形成了由"L"型建筑形态围合而成的院落形态。

（2）方案模型。

建筑方案（图 5-10），结构分解图（图 5-11），立面及剖面图（图 5-12）。

第五章
新民居建筑设计

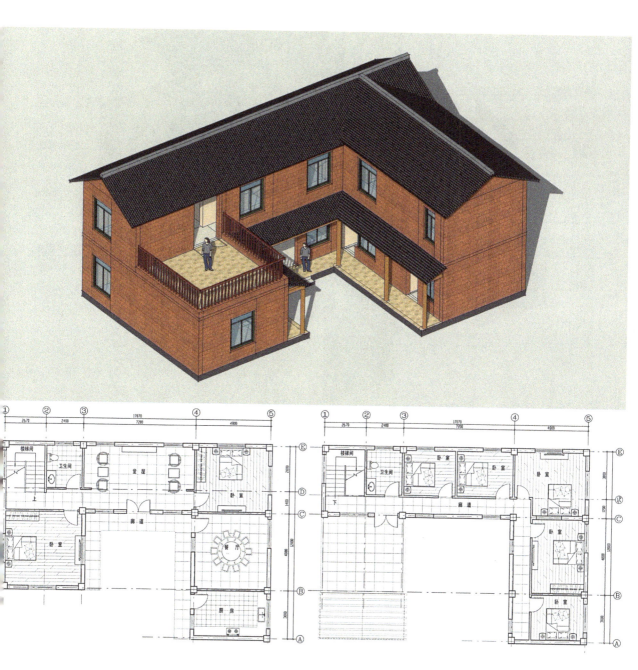

▲ 图 5-10　建筑方案轴测图及平面图

SketchUp 课程建构与创新实践

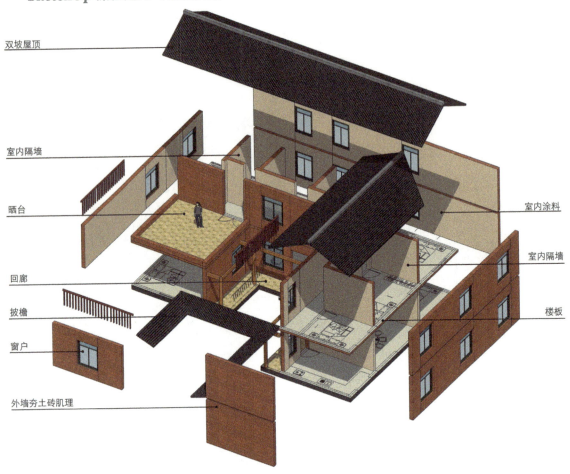

▲ 图 5-11 结构分解图

▲ 图 5-12 立面及剖面图

4. 建筑组团方案

（1）设计要点。

本方案针对院落型民居的设计特点，并结合村落自身场地限制的因素，打散并重构本土民居原有的"一颗印"建筑体系，将其原有的独栋式封闭院落分解为开敞的三栋建筑，再组合成院落，将其中的建筑功能根据 8000mm × 8000mm 的模数体系进行集约化设计（图5-13）。每户即每个组团中的三栋建筑依据地形及农民的宅基地面积标准控制

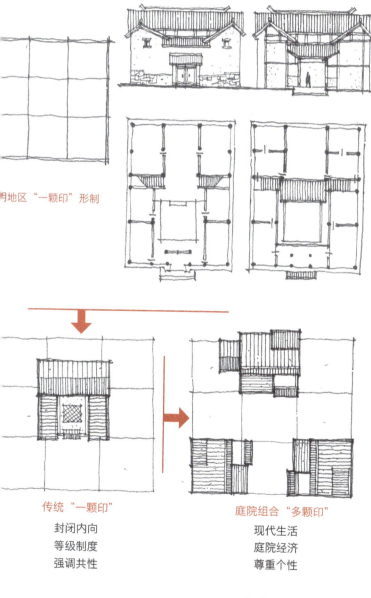

▲ 图 5-13　院落组合

在一定范围之内,并在其中一栋建筑外加一间储梨仓库。因昆明呈贡区盛产宝珠梨,当地居民有种植梨树和售卖宝珠梨的传统,所以,加盖的储梨仓库能满足居民储存宝珠梨的需求。

（2）方案模型。

组团构成方法（图5-14）,组团实景图（图5-15）,立面图及施工过程图（图5-16）,最终设计方案在村落中的分布情况（图5-17）。

▲ 图5-14 组团构成方法

▲ 图 5-15 组团实景图

▲ 图 5-16 立面图及施工过程图

建成后的方案户型在村中分布情况　　① 乡村新民居方案1　　② 乡村新民居方案2　　③ 乡村新民居方案3

▲ 图 5-17 最终方案在村落中的分布情况

四、教学总结

本学期课程的目的在于,指导学生通过参与实际项目,使方案从纸上的草图、电脑里的模型,转换成实体建筑,让学生建立起参与实际项目的成就感,增强学生使用软件的兴趣,调动学生参与实训的积极性,图 5-18 为村民观看学生设计的方案,进行户型选择。学生将电脑中的方案模型变成实实在在的建筑实体,也是对实习实训课程的一种检验与提升(图 5-19)。

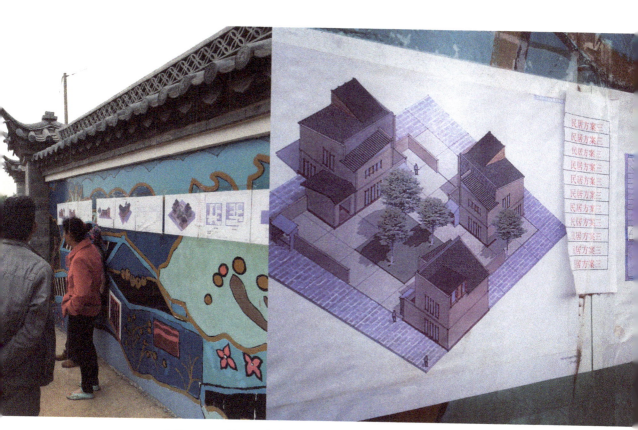

▲图 5-18 村民观看学生设计的方案,进行户型选择

第五章
新民居建筑设计

◀ 图 5-19

学生参与设计并进行实地调研

五、扩展阅读书目

《新农村住宅典型户型》《新农村民居方案通用图集》《新农村住宅方案100例》《节能住宅污水处理技术》《新型农村住宅精粹》（图5-20）。

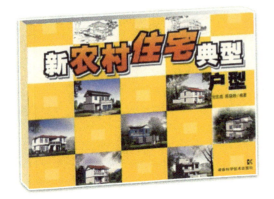

▲ 图 5-20　扩展阅读书目

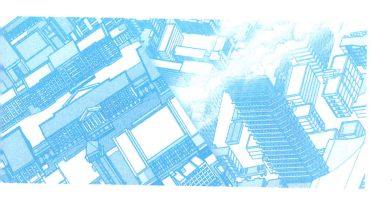

第六章

乡村民宿改造

阶段：大三第二学期，光崀村民宿改造项目。

一、课程导向及课程时段安排

1. 课程导向

本学期的实训采取实题虚做的方式，课程模型结合昆明周边地区实际村落建筑形式及当地地形进行设计。

光崀村（图6-1）隶属云南省安宁市太平镇，位于太平新城街道以南10公里处，距离昆明市30多公里，地形属于半山区。

教师组织学生对村落民居分组调研，结合调研、测绘结果，对原有建筑进行建模并通过虚拟主题院落的形式植入民宿主题，进行合理化的整改、扩建，赋予建筑空间新的功能，并再次将建筑进行改造和建模，最后将调研资料及模型效果制作成方案文本。

2. 课程时段安排

大三第二学期的实验实训周课程时段安排，如表6-1所示。

SketchUp 课程建构与创新实践

村落区域范围：▪▪▪▪▪▪▪　村落户数：50户

▲ 图 6-1　光崀村卫星图

表 6-1　课程时段安排表

第9~10周 （每学期共计18周 其中第9~10周为课堂 软件实训）		教学重点	教学时数
第九周 （根据具体学期安排可以对实践教学周进行调整）	周一	SketchUp软件命令简述 了解和认识项目区位及其建筑形态	8学时 （上午4课时软件命令简述 + 下午4课时课堂实践）
	周二	现场实地踏勘村落建筑风貌 根据村落户数对学生进行分组，学生分组后，每组同学分别对自己所挑选的建筑进行拍照、测量、材质收集等工作	8学时 （上午4课时现场实地调研 + 下午4课时现场实地调研）
	周三	现场实地踏勘村落建筑风貌 根据村落户数对学生进行分组，学生分组后，每组同学分别对自己所挑选的建筑进行拍照、测量、材质收集等工作	8学时 （上午4课时现场实地调研 + 下午4课时现场实地调研）
	周四	根据团队分组进行村落资料整理和模型制作 课堂制作辅导	8学时 （上午4课时课堂实践 + 下午4课时课堂实践）
	周五	根据团队分组进行村落资料整理和模型制作 课堂制作辅导	8学时 （上午4课时课堂实践 + 下午4课时课堂实践）

续表

第9~10周 （每学期共计18周 其中第9~10周为课堂 软件实训）		教学重点	教学时数
第十周 （根据具体学期安排可 以对实践教学周进行调 整）	周一	根据团队分组进行模型制作 课堂制作辅导	8学时 （上午4课时课堂实践 + 下午4课时课堂实践）
	周二	根据团队分组进行模型制作 课堂制作辅导 将调研及所设计的内容进行整理，按设计文本的逻辑要求进行文本制作	8学时 （上午4课时课堂实践 + 下午4课时课堂实践）
	周三	根据团队分组进行模型制作 课堂制作辅导 将调研及所设计的内容进行整理，按设计文本的逻辑要求进行文本制作	8学时 （上午4课时课堂实践 + 下午4课时课堂实践）
	周四	根据团队分组进行模型制作 课堂制作辅导 将调研及所设计的内容进行整理，按设计文本的逻辑要求进行文本制作	8学时 （上午4课时课堂实践 + 下午4课时课堂实践）
	周五	课堂制作辅导 将调研及所设计的内容进行整理，按设计文本的逻辑要求进行文本汇总和打印	8学时 （上午4课时课堂实践 + 下午4课时课程总结及文本提交）
合计	十天	80学时	

二、课程设计方法

学生分工合作、实地调研，进行民宿建筑单体设计（图6-2）。

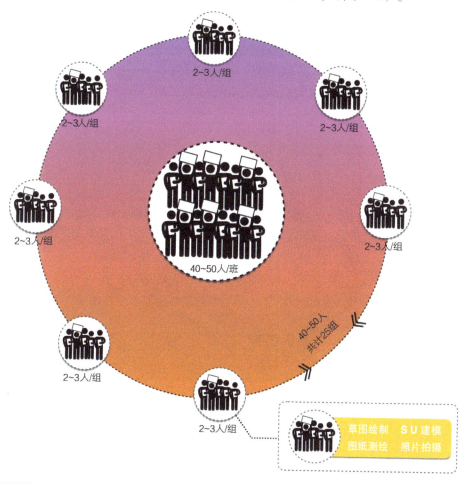

▲ 图6-2 学生分组及分工

三、课程教学成果

（1）民宿改造方案一。

建筑轴测图（图6-3），方案平面图（图6-4），方案立面图（图6-5），各角度透视图（图6-6），方案剖透视图（图6-7），方案分解图（图6-8），方案分析图（图6-9），方案效果图（图6-10）。

民宿改造方案一的方案文本

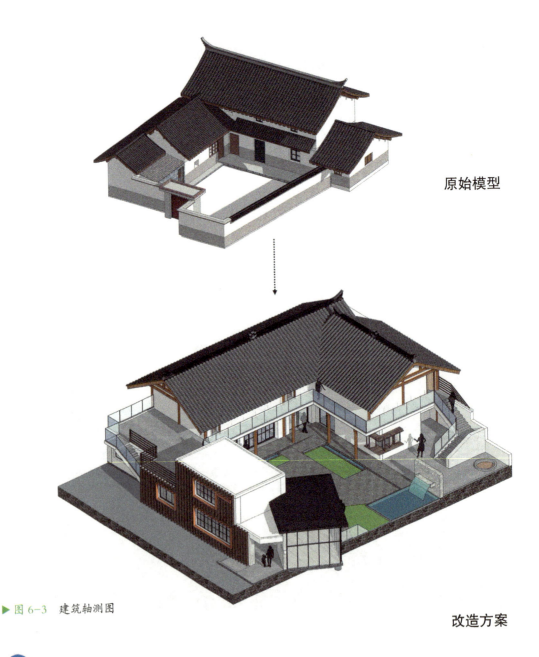

原始模型

改造方案

▶ 图6-3 建筑轴测图

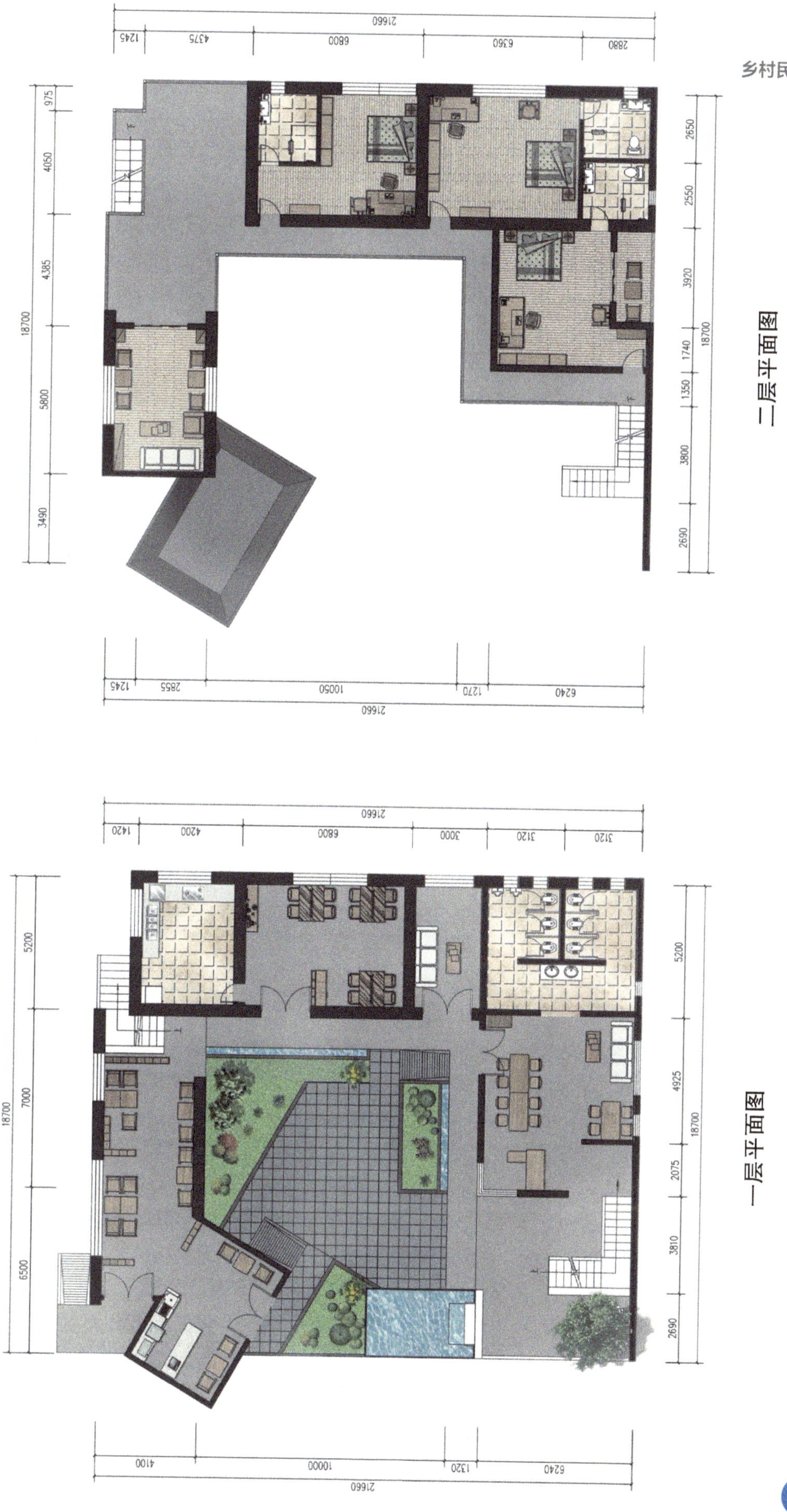

第六章
乡村民宿改造

二层平面图

一层平面图

▲ 图 6-4 方案平面图

西立面图

北立面图

东立面图 ◀ 图 6-5 方案立面图

▶ 图 6-6 各角度透视图

第六章
乡村民宿改造

剖透视图 1

剖透视图 2

▲ 图 6-7 方案剖透视图

SketchUp 课程建构与创新实践

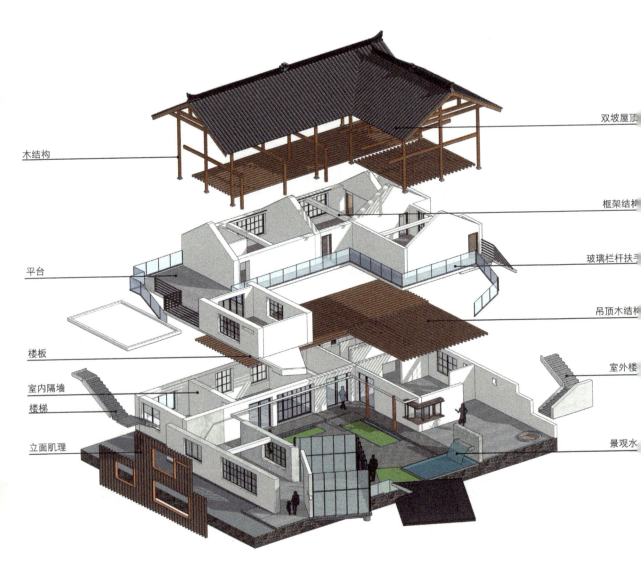

▲ 图 6-8 方案分解图

第六章
乡村民宿改造

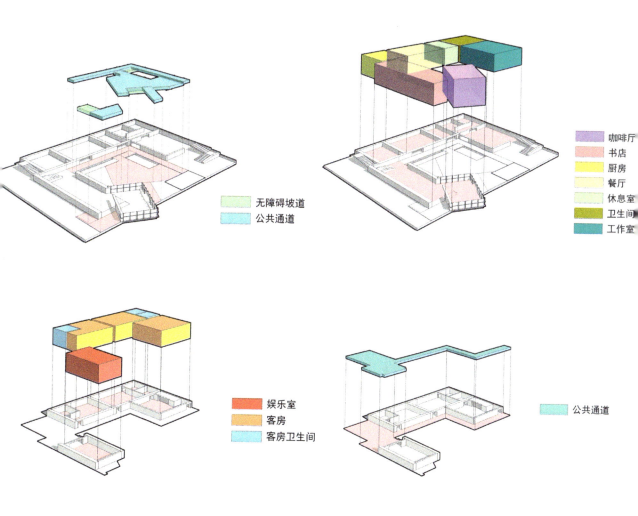

▲ 图 6-9　方案分析图

效果图一

第六章
乡村民宿改造

效果图二

效果图三

▲ 图 6-10　方案效果图（SketchUp+Lumion 后期）

（2）民宿改造方案二。

建筑轴测图（图6-11），方案平面图（图6-12），方案立面图（图6-13），各角度透视图（图6-14），方案剖透视图（图6-15~图6-18），方案分解图（图6-19、图6-20）。

民宿改造方案二的方案文本

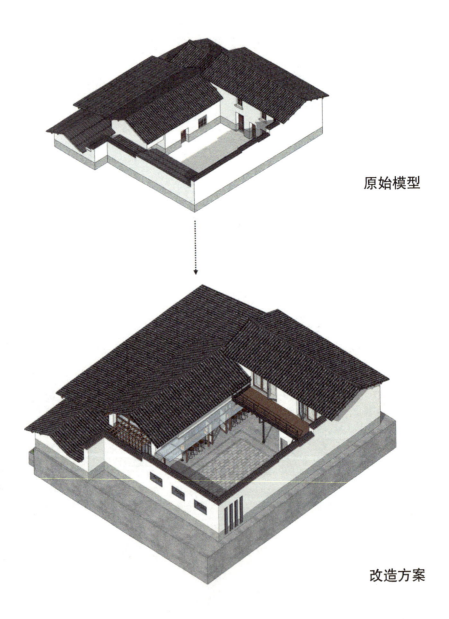

原始模型

改造方案

▲ 图6-11　建筑轴测图

第六章
乡村民宿改造

二层平面图

一层平面图

▲ 图 6-12 方案平面图

西立面图

北立面图

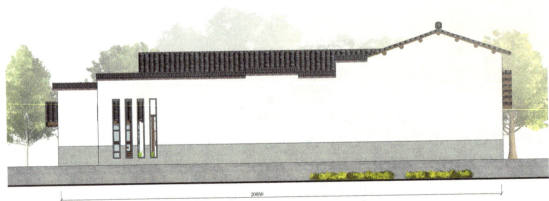

东立面图

▲ 图6-13 方案立面图

第六章
乡村民宿改造

透视图 1

透视图 2

▲ 图 6-14　各角度透视图

第六章
乡村民宿改造

▲ 图 6-15 方案剖透视图 1

第六章
乡村民宿改造

▲ 图 6-16 方案剖透视图 2

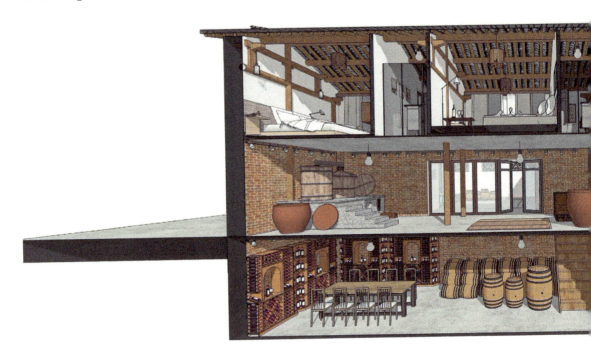

第六章
乡村民宿改造

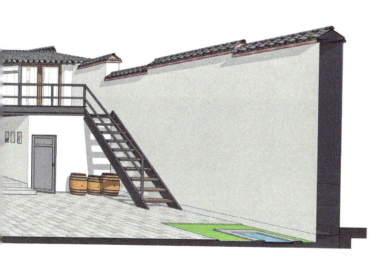

◀ 图 6-17　方案剖透视图 3

SketchUp 课程建构与创新实践

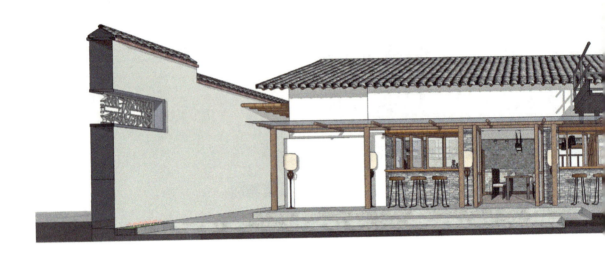

第六章
乡村民宿改造

◀ 图 6-18 方案剖透视图 4

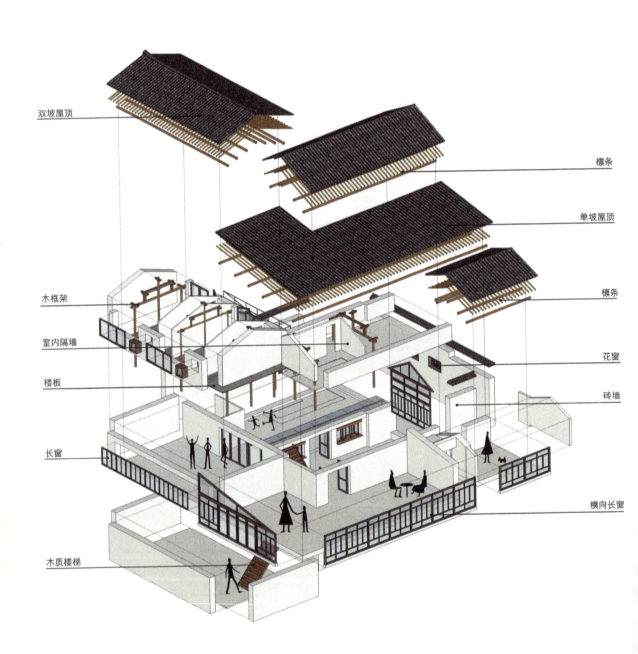

▲ 图 6-19 方案分解图 1

第六章
乡村民宿改造

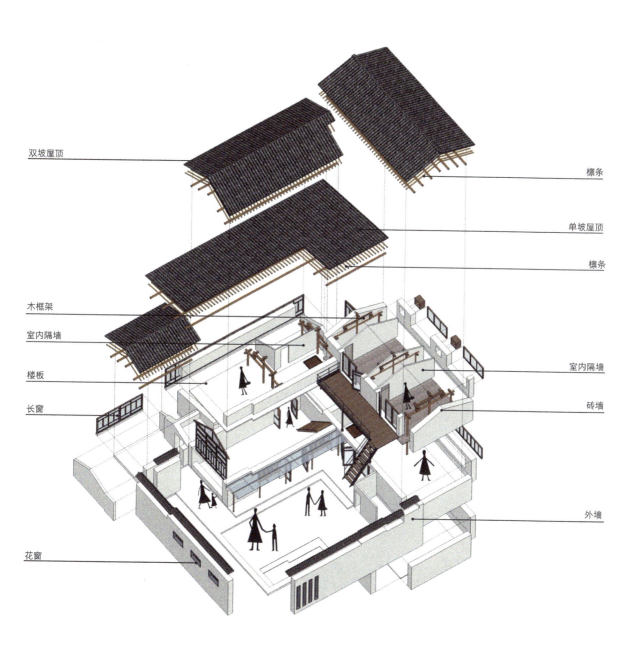

▲ 图 6-20 方案分解图 2

（3）民宿改造方案三。

建筑轴测图（图6-21），方案平面图（图6-22），方案立面图（图6-23），方案剖透视图（图6-24），方案分解图（图6-25）。

民宿改造方案三的方案文本

▶ 图6-21　建筑轴测图

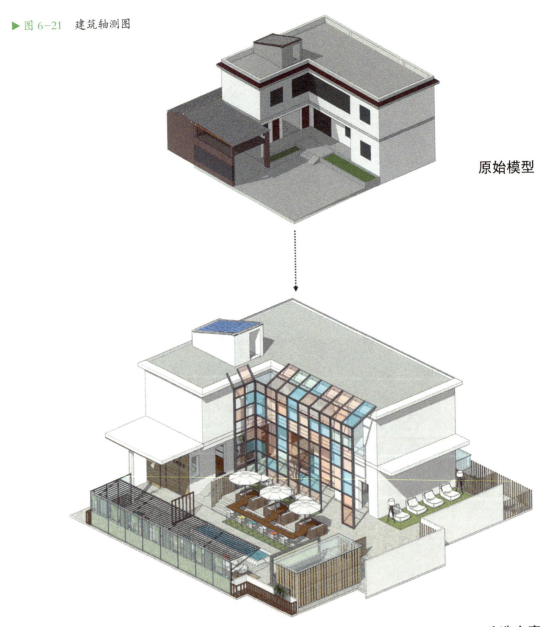

原始模型

改造方案

第六章
乡村民宿改造

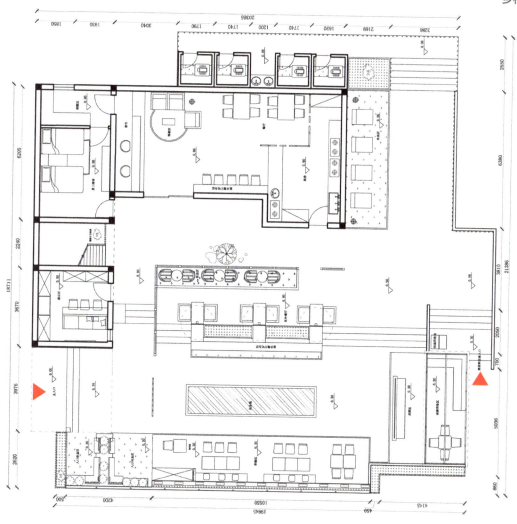

一层平面图

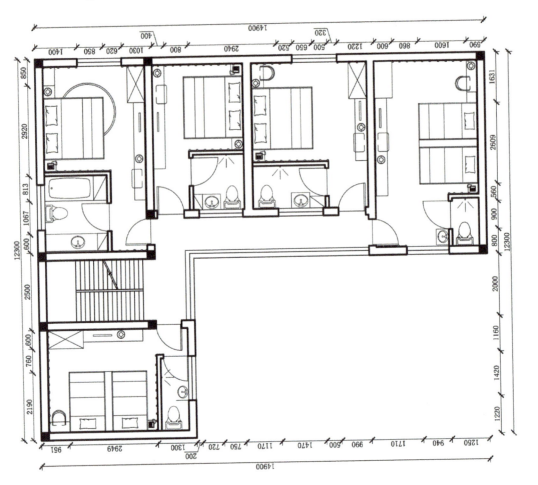

▲ 图 6-22 方案平面图

第六章
乡村民宿改造

方案立面图 1

方案立面图 2

▲ 图 6-23　方案立面图

剖透视图 1

剖透视图 2

▲ 图 6-24　方案剖透视图

第六章
乡村民宿改造

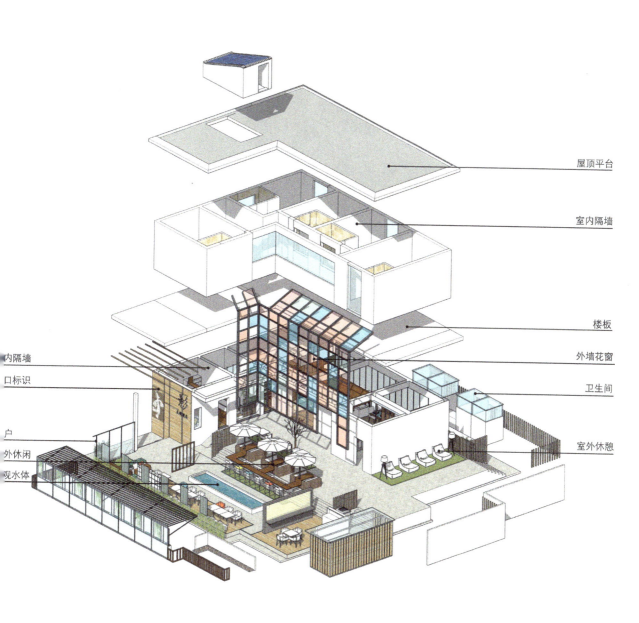

屋顶平台
室内隔墙
楼板
外墙花窗
卫生间
室外休憩

内隔墙
口标识
户
外休闲
观水体

▲ 图6-25 方案分解图

（4）民宿改造方案四。

建筑轴测图（图6-26），方案平面图（图6-27），方案剖透视图（图6-28），方案分解图（图6-29），方案效果图（图6-30）。

民宿改造方案四的方案文本

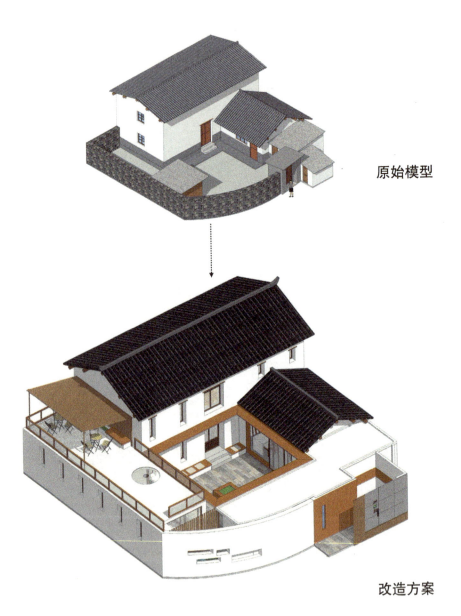

原始模型

改造方案

▲ 图6-26 建筑轴测图

第六章
乡村民宿改造

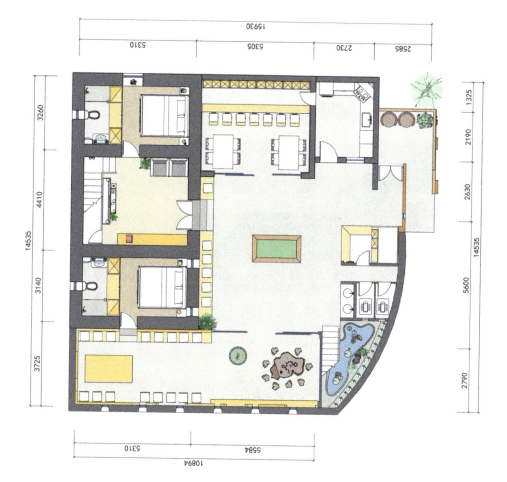

▲ 图 6-27 方案平面图

剖透视图 1

剖透视图 2

剖透视图 3

▲ 图 6-28　方案剖透视图

第六章
乡村民宿改造

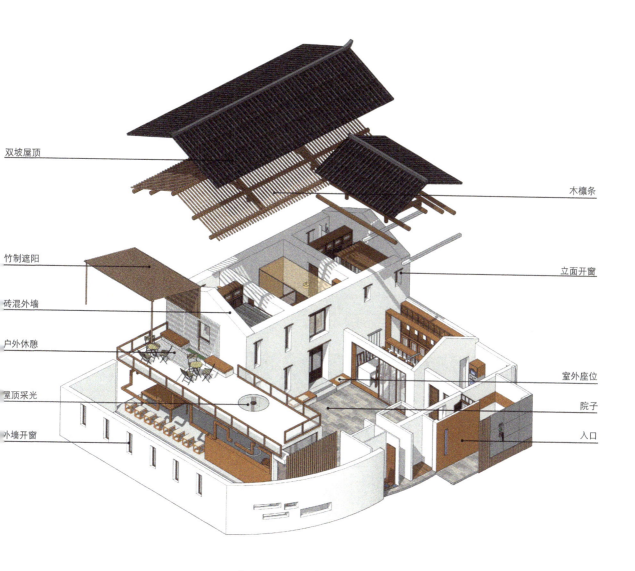

▲ 图 6-29 方案分解图

SketchUp 课程建构与创新实践

效果图一

效果图三

第六章
乡村民宿改造

效果图二

效果图四

▲ 图 6-30 方案效果图

（5）民宿改造方案五。

建筑轴测图（图6-31），方案平面图（图6-32），方案剖透视图（图6-33），方案分解图（图6-34），方案效果图（图6-35）。

民宿改造方案五的方案文本

▼ 图6-31 建筑轴测图

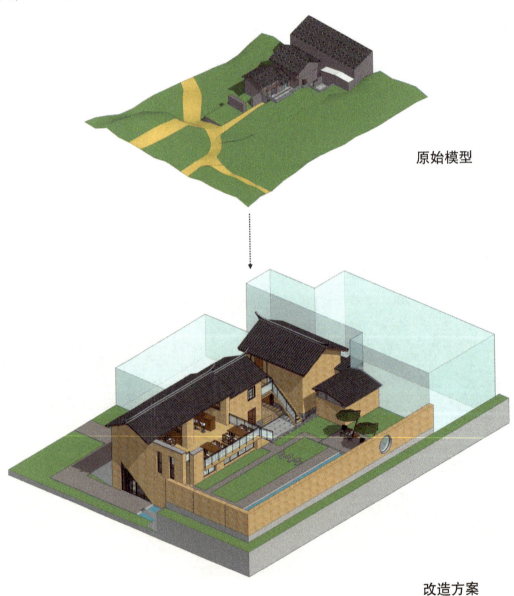

原始模型

改造方案

一层平面图

二层平面图

▲ 图6-32 方案平面图

剖透视图 1

剖透视图 2

▲ 图 6-33 方案剖透视图

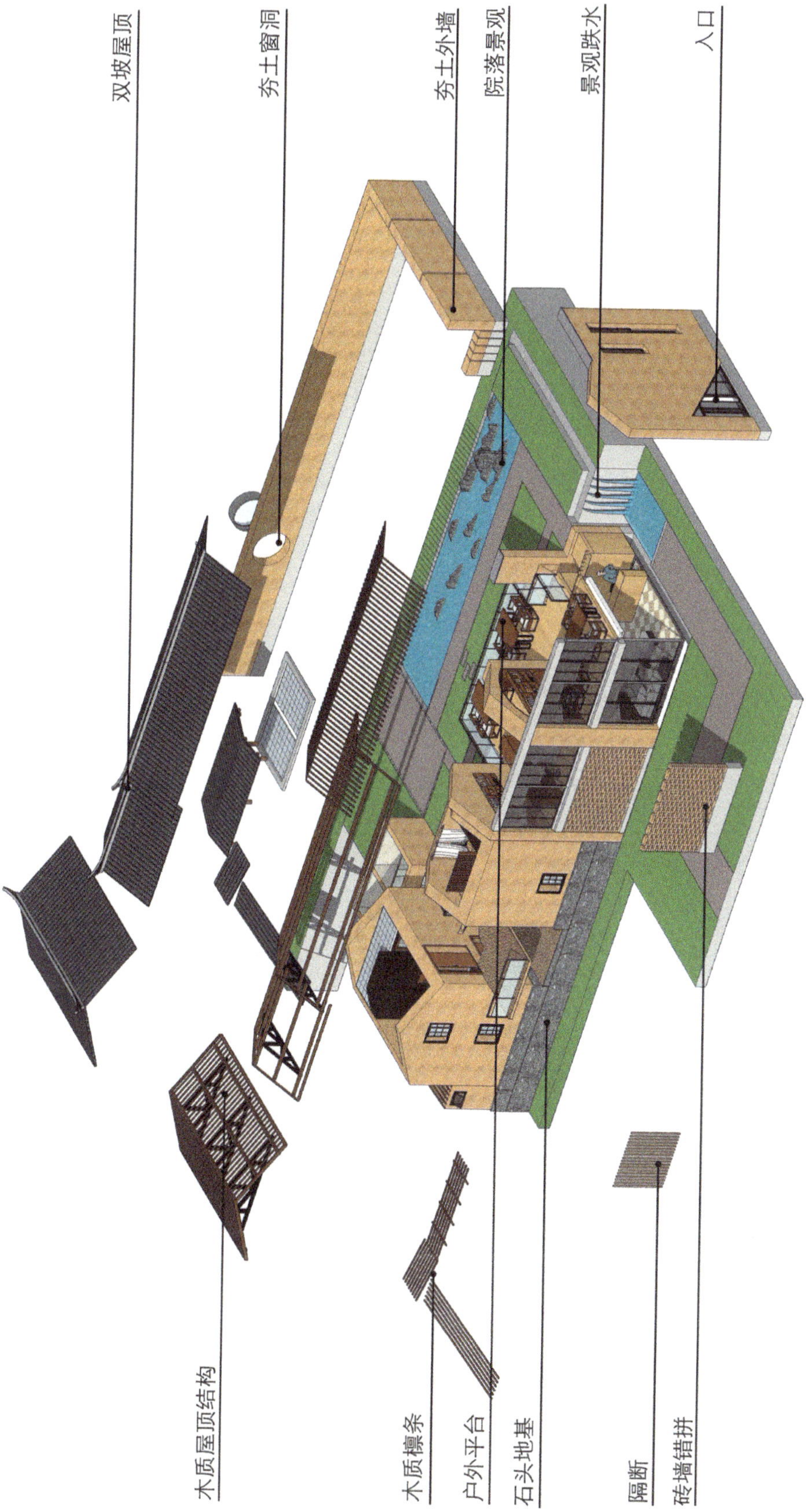

第六章
乡村民宿改造

双坡屋顶　夯土窗洞　夯土外墙　院落景观　景观跌水　入口

木质屋顶结构　木质檩条　户外平台　石头地基　隔断　砖墙错拼

▲ 图 6-34 方案分解图

效果图一

效果图二

第六章
乡村民宿改造

效果图三

SketchUp 课程建构与创新实践

效果图五

▲图 6-35　方案效果图（SketchUp+lumion 后期）

四、课程教学总结

实际项目的介入，建筑新功能的引入，让学生在作图的过程中充分思考村落更新和发展的可能性；课程将主题定位在打造民宿村落及创新、创意社群上，使村落能够在转变的过程中有更新的发展；探讨村落发展的新模式，赋予建筑新的空间形式，使原有建筑焕发新的生命活力；在课程中要求学生认真搜集村落基础数据，如建筑的采光、日照、通风、材料、结构等，并根据数据进行细致的建模，最终完成汇报文本的制作。

学生的责任意识、实践和创新意识在课程实践中都得到较大提升，最终为学生的毕业设计及以后走上工作岗位奠定坚实的基础。

五、课程支撑和扩展阅读书目

《建筑初步》《中国建筑史》《建筑物理》（图6-36）。《民宿之美Ⅱ》《国外乡村设计》《社区规划——综合规划导论》《村内道路》《村庄整治技术规范图解手册》（图6-37）。

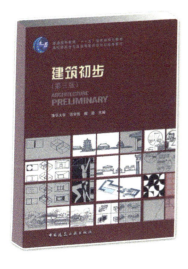
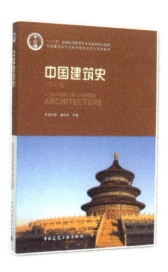
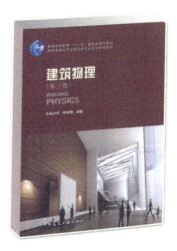

▲图6-36　课程支撑阅读书目

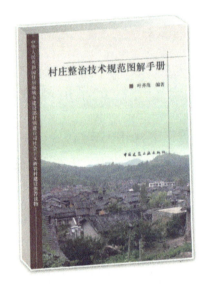

▲ 图 6-37　扩展阅读书目

附 录

1. 学生参加竞赛项目

针对软件掌握较熟练（SketchUp+Lumion）、方案设计能力较强的部分学生，教师可以选取国内外较适宜的竞赛项目，鼓励并辅导其参加，有利于拓宽学生的专业思路，提升学生的专业水平。学生可以利用课余时间参与专业竞赛，在竞赛过程中同其他院校的学生切磋技艺，取长补短，发掘自己的设计潜能，提升自己的专业水平（附图 1 ~ 附图 3）。

2. SketchUp 软件常用命令及快捷键

显示 / 旋转：鼠标中键
显示 / 平移：Shift+ 鼠标中键
编辑 / 辅助线 / 显示：Shift + Q
编辑 / 辅助线 / 隐藏：Q
编辑 / 撤销：Ctrl + Z
编辑 / 放弃选择：Ctrl+T
文件 / 导出 /DWG/DXF：Ctrl + Shift+D
编辑 / 群组：G
编辑 / 炸开 / 解除群组：Shift + G
编辑 / 删除：Delete

SketchUp 课程建构与创新实践

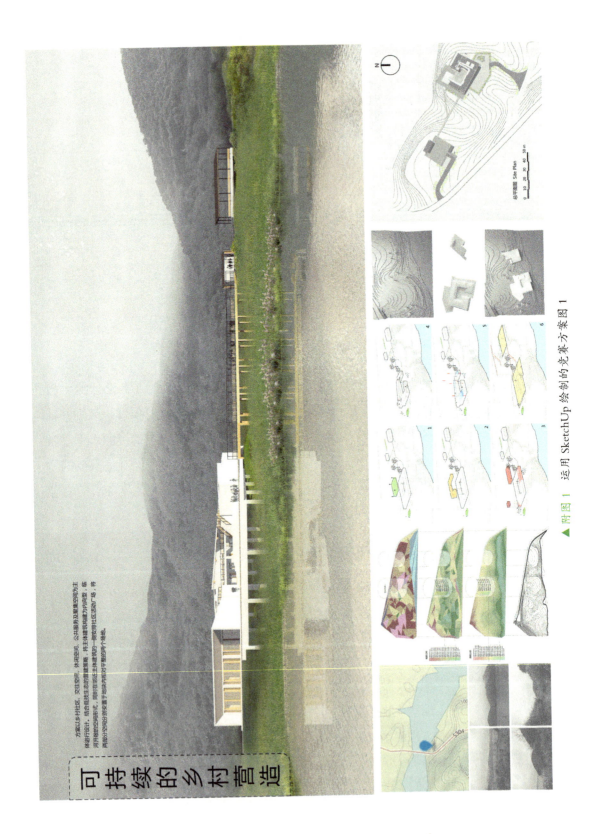

▲ 附图 1 运用 SketchUp 绘制的竞赛方案图 1

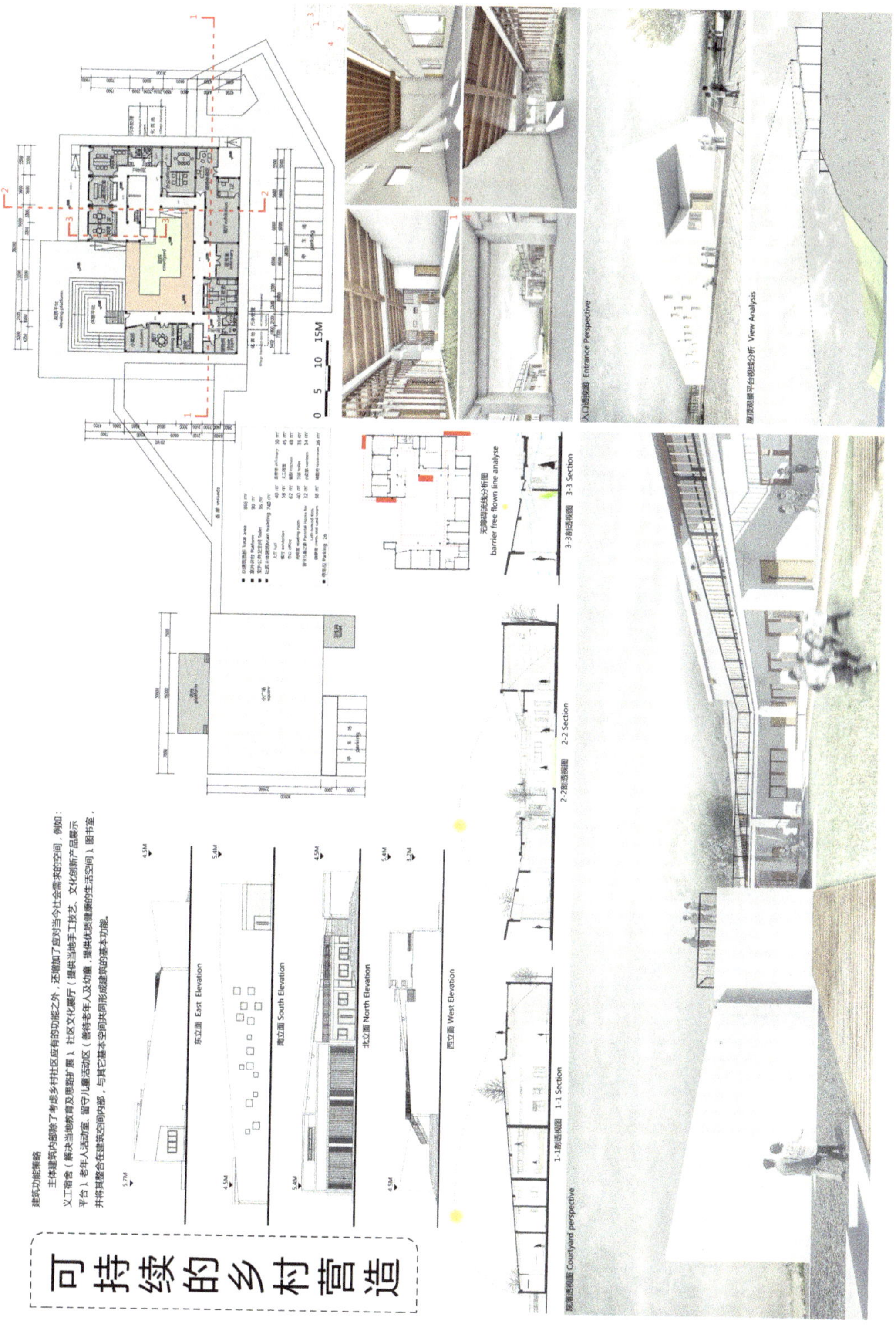

附图 2　运用 SketchUP 绘制的竞赛方案图 2

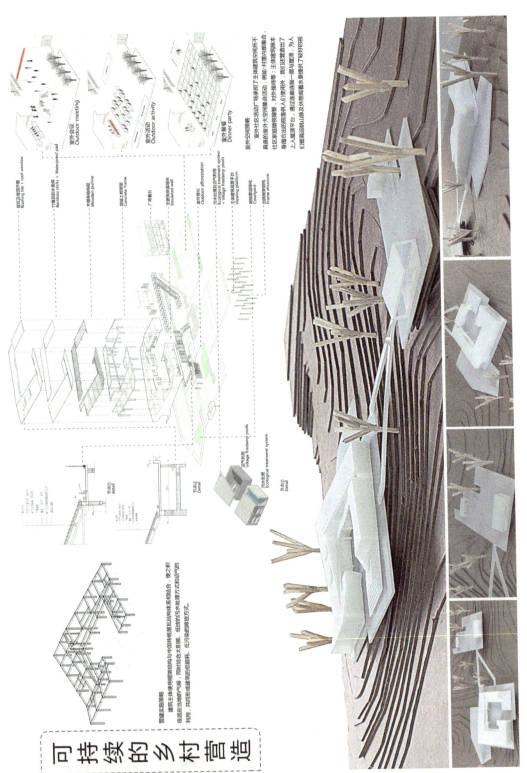

▲ 附图 3 运用 SketchUP 绘制的竞赛方案图 3

编辑 / 隐藏：H

编辑 / 显示 / 选择物体：Shift + H

编辑 / 显示 / 全部：Shift + A

编辑 / 制作组建：Alt + G

编辑 / 重复：Ctrl + Y

查看 / 虚显隐藏物体：Alt + H

查看 / 坐标轴：Alt + Q

查看 / 阴影：Alt + S

窗口 / 系统属性：Shift + P

窗口 / 显示设置：Shift + V

工具 / 材质：X

工具 / 测量 / 辅助线：Alt + M

工具 / 尺寸标注：D

工具 / 量角器 / 辅助线：Alt + P

工具 / 偏移：O

工具 / 剖面：Alt + /

工具 / 删除：E

工具 / 设置坐标轴：Y 工具 / 缩放：S

工具 / 推拉：U

工具 / 文字标注：Alt + T

工具 / 旋转：Alt + R

工具 / 选择：Space

工具 / 移动：M

绘制 / 多边形：P

绘制 / 矩形：R

绘制 / 徒手画：F

绘制 / 圆弧：A

绘制 / 圆形：C

绘制 / 直线：L

文件 / 保存：Ctrl + S

文件 / 新建：Ctrl + N

相机 / 标准视图 / 等角透视：F8

相机 / 标准视图 / 顶视图：F2

相机 / 标准视图 / 前视图：F4

相机 / 标准视图 / 左视图：F6

相机 / 充满视图：Shift + Z

相机 / 透视显示：V

3. 部分 SketchUp 常用命令特性

（1）连续复制：选择物体后，按 M，按 Ctrl 同时点击左键，移动复制的距离，点击左键，输入数字加 X（例 5X，即复制 5 份）。

（2）线能够闭合面、割断线、分割面。

（3）选择物体时增加或减少用 Shift 配合。

（4）善用辅助线：用于定位，有卷尺与量角器两种。系统可以捕捉到辅助线。隐藏辅助线（Q）；显示辅助线（shift+Q）。

（5）善用组和组件：组类似 cad 的定义块，不具有关联性；组件类似组，但具有关联性，修改一组件，其他相关联的组件也会被改变。

（6）按住 Shift 键可以锁定当前参考。

（7）绘制矩形中，出现 Square（平方）提示，则说明为正方形；出现 Golden Section(Golden 剖面)提示，则说明为带黄金分割的矩形。

（8）绘制弧线后输入"数字 S"，来指定弧形的段数。同样也可指定圆的段数。

后　记

　　本书写作的主要目的是对环境设计专业中软件课程教学的建构与实践创新进行探索。在教学摸索过程中总结经验，让学生在软件学习的过程中学习软件命令，在软件操作过程中体会软件给专业学习带来的便捷性和创意性。软件的学习不能将设计方案停留在电脑里，更重要的是应用并建造。在软件课程的教学过程中要循序渐进，逐步教会学生用软件细化方案，使其更加合理且符合建造的需求。同时，教师在进行软件教学的过程中，要摆脱只是传授命令而不讲方案设计这一误区，让学生理解并认识到软件的学习其实是为了更好地服务设计。

　　书中所述的几个实训课程，每一个都是对学生和老师的历练。通过校园地图的绘制，学生能逐渐熟悉身边的校园建筑，懂得软件和我们的生活是息息相关的；通过对昆明翠湖周边建筑的调研，学生能知道怎样进行团队合作，快速建立区域模型，并最终整合地形，认识城市街区的肌理关系；通过对云南民族建筑的调研及对民居图纸资料的搜集，测量和绘制模型，学生能认知到云南建筑的独特性；随着学生对软件的逐步熟练，教师可以安排学生接触实际的项目案例，对村落的调研，进行乡村新民居的设计，这些实践不仅使学生初步认识乡村建筑，同时也可以让学生深刻体会到方案设计与实际需求的复杂性；通过专题研究昆明周边村落的民宿建筑改造，详细测量村落的老旧建筑，学生能对其进行主题性的改造和提升，并用图文的形式将设计内容整理成册，制作成设计文本。当然，每一项练习都不能一蹴而就，必须遵循教学规律、循序渐进、逐步加大设计的深度和广度，从而取得良好的教学成果。

有计划性和针对性的编排实训课程，学生不但能掌握软件的基本绘图技巧，还能在学习软件的过程中结合各类主题，将软件和实操相结合，使软件的学习更加合理和真实。运用软件绘制不同方案，学生不仅能熟练软件命令，更关键的是能学会利用软件这个设计"武器"，将心中所想、铅笔所绘的方案表现出来，让学生认识到软件命令的掌握是建立在优秀方案设计基础之上的，软件学习的根基就是对设计实践的理解、体验和深化。

当然，每一次组织学生进行实践训练，都离不开学院各个部门的大力支持和相关教师的积极配合。学校、学院就是实习实训课程建设和发展的坚强后盾，没有学校、学院充分的后勤安全保障，师生就无法顺利地进行实践和调研；没有当地政府的理解与配合，实训的工作也无法完成。还有很多同事、学生为各个学期的课程建设，提出了宝贵的意见并付出了辛勤的劳动，正因如此，才能呈现出本书丰富的成果，在此一并向大家表示最衷心的感谢。

在软件的教学和实训过程中，教师不但要让学生掌握软件技能，而且更重要的是让学生不断提升设计思路和设计水平。爱设计（方案的完善）、善表达（合理的效果呈现），才是软件学习的最终目标。由于篇幅有限，很多优秀的学生案例和作品不能一一列举，故只能管中窥豹，实属遗憾。欢迎搜索关注"建筑视线"微信公众平台，获取更多教学及学生创意设计成果。由于本书写作较为仓促，内容和学生案例还略显稚嫩，仍需不断的提升和修正，有不足之处，还请各位专家及读者不吝赐教。

2018 年 3 月 于云南财经大学